しくみ図解

防火・消火・耐火が一番わかる

◆火災のメカニズムを理解し
防ぎ方・消し方を学ぶ

榎本満帆
浅川新
著

技術評論社

　遥か昔、人類は小さな火を絶やさぬよう大切に使っていたそうです。人類は火の獲得により暖かさと明るさを確保できるようになったり、加熱調理が可能になったり、あらゆる面で生活が向上しました。現代でも火は生活のうえでなくてはならないものです。我々は火をうまく制御して使用することで、快適な暮らしを手にしています。

　しかし、火は使い方を間違え制御がきかなくなると、非常に危険な存在にもなり得ます。制御できない火は、「火災」と呼ばれるようになります。火は生活に大きな恩恵を与えてくれますが、火災は生活に大きな損害をもたらし、ときに生命を脅かすこともあります。これまでにも我々は多くの火災を経験しました。そこから得た教訓や科学の力をもって、火災のメカニズムや、どうすれば火災を未然に防げるか、火災が起きたときにどうすれば被害を抑えられるかなどがわかってきました。

　本書では、建物火災における防火・消火・耐火のいろはを紹介します。まず、火災のメカニズムや火災の進展の仕方を説明し、火災フェーズごとに有効な防火対策を概観します。さらに、防火のための各種設備として、火災を覚知するための自動火災報知設備、避難の際に必要に誘導灯、避難器具、排煙設備、あるいは初期消火のための消火設備などについて、それらの役割や設備の構成、方式の違いなどを解説します。また、それらの設備の維持管理、点検に関して、主要な法制度を見ていきます。さらに耐火の考え方や基準、最近の動向などにも触れていきます。

　これから防火について学ぶ学生や技術者、防火に興味を持ちはじめた方々が、気軽に読み進めながら防火の知識を深められるよう、図や写真を多用し、わかりやすくまとめました。本書が、安全な建築空間の実現や維持を担う方々の最初の一歩になれば幸いです。

榎本満帆　浅川新

防火・消火・耐火が一番わかる

目次

火災覚知と通報及び避難・・・・・・・・・・・・45

第6章 **耐火の基本**‥‥‥‥‥133

コラム｜目次

第1章

火災のメカニズム

本章では火災のメカニズムを簡単にご紹介します。各章の
防火・消火・耐火の内容を理解する際に必要な基本的な内容
を盛り込みました。そもそもものが燃えるとはどういうこと
なのか、あるいはなにが原因で発生して、発生すると何が起
きるのか、などを理解しましょう。

1-1 燃焼とは

●燃焼とはなにか

燃焼の定義を考えたとき、学校の理科の実験を思い出すとよいかもしれません。マグネシウムに火をつけると、まぶしいくらい光を発しながら激しく燃えます。これは、マグネシウムが周りの酸素と酸化反応を起こし、その過程で激しく発熱する現象で、これが**燃焼**です（図 1-1-1）。

●燃焼に必要なもの

図 1-1-1 からもわかるとおり、燃焼には**可燃物**（ここではマグネシウム）と**酸素**が必要です。しかし、ただマグネシウムと酸素があるだけでは燃焼しませんよね。実験のときにもマッチか何かで火をつけたはずです。つまり何かしら「**エネルギー**」が必要です。ひとたび燃焼が始まると、燃焼によって生まれたエネルギーでさらに燃焼が進みます。この「可燃物」「酸素」「エネルギー」の 3 要素が燃焼には必要で、これらを**燃焼の 3 要素**と呼びます（図 1-1-2）。どれか 1 つでも欠けると燃焼は起きません。

●消火に必要なもの

さて、この流れで消火に必要なものも紹介します。基本は「燃焼の 3 要素のどれか 1 つをなくすこと」ですのでわかりやすいです（表 1-1-1）。

燃焼の 3 要素それぞれに対して、それをなくす方法があるので、消火方法としても大きく 3 つあります。最も身近な方法は水による消火だと思います。これは「エネルギー」をなくす方法で、**冷却消火**と呼びます。「酸素」をなくす方法は**窒息消火**と呼びます。泡や粉末で火源にふたをしたり、二酸化炭素などのガスで酸素濃度を下げたりすることで消火します。「可燃物」をなくす方法は**除去消火**と呼びます。江戸時代の火消が、火災近くの建物を壊していましたが、あれは周囲の「可燃物」をなくすことで燃え広がりを防ぎ消火していたわけです。また、4 つ目として、燃焼反応を起こしづらくするこ

とで消火する方法もあります。これは**抑制消火**と呼びます。

図 1-1-1　燃焼とは（マグネシウムの酸化反応）

2Mg　　　O₂　　　2MgO　　燃焼熱(kJ)

図 1-1-2　燃焼の 3 要素

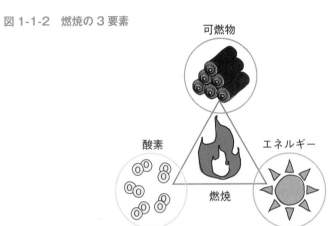

可燃物

酸素　　　　　　　エネルギー

燃焼

表 1-1-1　消火方法

消火＝燃焼の 3 要素のどれかをなくす		
燃焼の 3 要素	消火方法の種類	消火方法の概要
エネルギー	冷却消火	水などにより火源の温度を下げることによる消火方法。可燃物が着火点 (1-3 節参照) に達しないようにする。
酸素	窒息消火	酸素の供給をとめる消火方法。身近な例はアルコールランプのふた。泡・ガス・粉末などを使う。
可燃物	除去消火	可燃物をなくす消火方法。江戸の火消は隣家を壊して延焼を防いだ。

※この他にも燃焼の連鎖反応を抑える「抑制消火」もあります。

●燃焼で生まれるもの

　燃焼すると当然、炎や熱や煙が生まれます（図1-2-1）。前節で示したマグネシウムの参加反応（図1-1-1）からわかるように、燃焼によって燃焼熱すなわちエネルギーが生まれますが、このエネルギーが「炎」であり「熱」の正体です。

　またこの他にガスも生まれます。例えば、ブタン（天然ガス）が燃焼した際の熱化学方程式は以下のとおりです。注目してほしいのは生成物の種類です。

完全燃焼　　：$C_4H_{10} + \dfrac{13}{2} O_2 = 4\underline{CO_2} + 5H_2O +$ 燃焼熱(kJ) ⇒二酸化炭素が発生

不完全燃焼：$C_4H_{10} + \dfrac{9}{2} O_2 = 4\underline{CO} + 5H_2O +$ 燃焼熱(kJ) ⇒一酸化炭素が発生

　2式ともブタンの燃焼を示す式ですが、上は完全燃焼した場合、下は不完全燃焼の場合の式です。生成されるものが微妙に異なり、完全燃焼時は二酸化炭素が、不完全燃焼時は一酸化炭素が生成されます。火災現場では、完全燃焼のような理想的な燃焼ばかりではないため、さまざまなガスが生まれます。中でも人体に害のあるガスの代表が「二酸化炭素」と「一酸化炭素」です。

　ちなみに火災初期は充分な酸素が供給さられるため完全燃焼に近く、白い煙が発生します。白く見えるのは水蒸気です。一方火災がある程度進展すると酸素が足りなくなり不完全燃焼になり、黒い煙が発生します。黒く見えるのは細かい個体の炭素などいわゆる煤（すす）と呼ばれるものです（図1-2-2）。

●燃焼によるリスクと死亡・負傷原因

　燃焼によってエネルギー（「火炎」、「熱」）とガス（「二酸化炭素」、「一酸化炭素」）が生成されることがわかりました。これらは私たちの体に大きなダメージを与える危険性があることはよくわかると思います。

　火炎や熱は、皮膚に触れれば火傷を負います。あるいは高温の空気を吸い

込めば呼吸器を火傷し、呼吸ができなくなる場合もあります。また、二酸化炭素と一酸化炭素はともに濃度が高くなると、頭痛、めまいなどを引き起こし、ひどい場合では二酸化炭素中毒、一酸化炭素中毒で死亡してしまうこともあります。耐火建築物など建物そのものが燃えない場合でも煙が充満して、一酸化炭素中毒により死傷するケースが多くあります。平成30年の消防白書によると、建物火災の死亡原因の第1位は一酸化炭素中毒・窒息で約38%、次いで火傷が34%です。

図 1-2-1　燃焼で生まれるもの

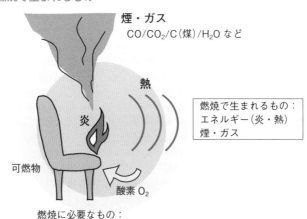

煙・ガス
$CO/CO_2/C(煤)/H_2O$ など

熱

炎

燃焼で生まれるもの：
エネルギー（炎・熱）
煙・ガス

可燃物

酸素 O_2

燃焼に必要なもの：
可燃物・酸素・エネルギー（炎・熱）

図 1-2-2　完全燃焼と不完全燃焼の違い

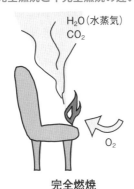

H_2O（水蒸気）
CO_2

O_2

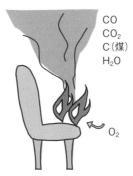

CO
CO_2
$C(煤)$
H_2O

O_2

完全燃焼
・燃え始めは酸素が十分供給されるため完全燃焼に近い
・水蒸気が多い白煙が発生

不完全燃焼
・火災が大きくなると酸素が足りなくなり不完全燃焼になる
・煤が多く毒性の強い黒煙が発生

1 -3 出火原因と火災発生の メカニズム

●出火源の種類—出火原因の第1位は？—

　総務省によると、平成30年における建物火災の出火原因第1位は「こんろ」で13.5％、次いで「たばこ」が9.4％でした。その他「放火」、「ストーブ」、「配線関係」が上位です（図1-3-1）。基本的には出火原因となるこれらの「熱源」は、それ自体で火災になることは少なく、周囲の「可燃物」を燃焼させることで火災となります。では「可燃物」とはなんでしょうか。

●可燃物の種類

　建物で**可燃物**となり得るものの代表は家具と内装材です。また、木造であれば構造体も可燃物となり得ます（図1-3-2）。

　家具などの可燃物は積載可燃物と呼ばれます。部屋の用途によってその量が変わり、特に倉庫、店舗、住宅などは可燃物量が多い用途です。カーテンや絨毯も家具として扱われますが、防炎製品など燃えにくい製品もあります。

　内装材は壁、天井、床に使われる下地と仕上げ材料のことです。防火性能によって不燃材料、準不燃材料、難燃材料、木材その他の4種類に分類されています。建物の用途や規模によって、壁や天井に燃焼しにくい内装材を使用するよう建築基準法で定められています。これは壁や天井に火がつくと急速に火災が拡大してしまうためです。特に天井材が燃え始めると早期にフラッシュオーバー（次節参照）に至るため注意が必要です。

●可燃物の着火と火災の拡大

　ここまで熱源と可燃物の話をしましたが、では、その熱源がどのように可燃物を燃焼に至らせるのでしょうか。

　可燃物は火炎や熱からエネルギーをもらうことで温度が上昇して燃え始めます（図1-3-3）。これを着火といいます。火炎に触れている状態において、着火する温度を**引火点**といいます。また、火炎に触れていない状態においても、

物質の温度が高くなると自然に燃焼し始めます。この時の温度を**発火点**と呼びます。これらの温度は材質によって異なりますが、一般的に燃えやすいと考えられている木材の引火点は260℃、発火点は400℃程度とされています。火炎自体の温度は800℃以上になるので、火炎の近くにあるものは、火炎に触れていなくても熱の影響で次々と燃焼し始め火災が拡大していきます。

図 1-3-1　出火原因の割合（平成30年消防白書）

コンロ
13.5%

たばこ
9.4%

放火
6.4%

ストーブ
5.6%

配線器具
5.5%

図 1-3-2　室内の可燃物の種類

内装材
（床・壁・天井）
防火対策：不燃・準不燃・難燃材料の使用

構造体（木造）
（柱・梁・床など）
防火対策：耐火・準耐火性能の確保（木造では燃え代設計など）
（6章参照）

家具
防火対策：防炎製品の使用（カーテンや絨毯など）

図 1-3-3　可燃物の着火（発火・引火）のメカニズム

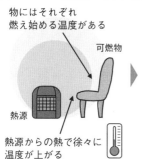

物にはそれぞれ燃え始める温度がある

可燃物

熱源

熱源からの熱で徐々に温度が上がる

発火点に達すると燃え始める

可燃物の引火点と発火点

物質	引火点	発火点
木材	260℃	400℃
新聞紙	—	291℃
ガソリン	-30℃	300℃
メチルアルコール	11℃	464℃
ポリウレタンフォーム（クッション・マットなど）	310℃	415℃

建築火災安全設計の考え方と基礎知識／平成27年理科年表／平成26年版危険物取扱必携実務編／日本ウレタン工業会HP

1-4 火災進展のメカニズム

●火災のフェーズ

　火災は出火してから時間とともに大きくなっていきます。火災の規模やその特徴、効果的な対策などは火災のフェーズによって異なります。火災のフェーズは大きく**初期**と**盛期**に分けられ、その切り替わるタイミングで**フラッシュオーバー**という現象が起きます（図1-4-1）。以下でこれらの特徴を説明します。ちなみに、盛期火災後は可燃物が燃え尽きてなくなっていき、やがて収束する**減衰期**もあります。

●初期火災

　基本的にいきなり大きな炎が生まれるわけではなく、比較的小さな炎から始まって、それが少しずつ大きくなり、その炎から周囲の可燃物にも燃え移っていくことで火災が拡がります（爆発や爆燃は例外です）。同時に、燃焼により生成された煙が天井面に煙層を形成し始めます。

　避難はこのフェーズで完了している必要があります。またこのフェーズであれば初期消火が可能です。

●フラッシュオーバー

　火災が大きくなると、あるところで突然、室内の可燃物が一斉に着火し爆発的な燃焼が発生します。これが「フラッシュオーバー」です。原理としては、天井面の煙層が高温になり、煙層からと火炎の双方の熱の影響で家具などに次々延焼することで発生します。また、天井の内装材が可燃性のものだと、天井の一部が着火しただけで、すぐ天井面全体に燃え広がってしまい、この場合も同様にフラッシュオーバーが発生します。このようなことから、天井には燃焼しにくい材料を使うことが望ましいです。

●盛期火災

　フラッシュオーバー以降は、室内全体が激しく燃えている状態で、室内の温度は 800 〜 1200℃ 程度になります。室内に燃えるものがなくなるまで、盛期火災は継続します。

　特にこのフェーズの火災は、火炎に供給される空気の量による影響が大きいので、火災が継続する時間は、外部開口の大きさによって変わります。平成 29 年に発生した三芳町の倉庫火災は出火から鎮火まで 13 日もの時間を要しました。要因はさまざまですが、倉庫で窓が少なくゆっくり燃焼したことも一因だと考えられます。

図 1-4-1　火災の進展

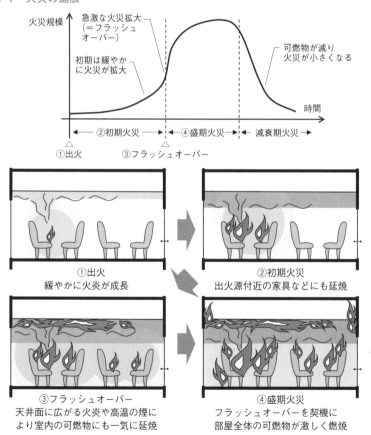

①出火
緩やかに火炎が成長

②初期火災
出火源付近の家具などにも延焼

③フラッシュオーバー
天井面に広がる火炎や高温の煙により室内の可燃物にも一気に延焼

④盛期火災
フラッシュオーバーを契機に部屋全体の可燃物が激しく燃焼

17

❗ バックドラフトとは？

　バックドラフトという言葉を耳にしたことがあるでしょうか？ アメリカの映画で同名の作品があり、さらにそれをモチーフとしたUSJのアトラクションもありますので、聞いたことがある方も多いかと思います。バックドラフトは火災現場で実際に起きる現象で、映画のタイトルはその現象に由来するようです。

　バックドラフトは密閉状態の火災室の扉や窓を開けた際などに爆発的に燃焼する現象です。密閉された室内では盛期火災中、燃焼に必要な酸素が不足し不完全燃焼になり、可燃性のガスが発生・充満する場合があります。酸欠状態なので、燃焼自体は緩やかになっていきますが、扉や窓などを開放するとそこから酸素が供給され、可燃性のガスが一気に燃焼します。このとき、煙や火炎が勢いよく噴き出しますので、扉などを開けた人から見ると、後方に押し戻されるような爆風が吹くことから、バックドラフトと呼びます。

　急激な燃焼という意味では、1-4節（火災進展のメカニズム）で紹介したフラッシュオーバーと似ているようですが、フラッシュオーバーは酸素が十分にある状態で発生しますし、フェーズとしても盛期火災に移行するタイミングですので、異なる現象です。

バックドラフトの実験

開口部（窓）

開口部から煙や火炎が噴出
＝バックドラフト

出火室（コンテナ）

第 2 章

防火の基本

　建物には火災に対してさまざまな対策が施されています。例えば、火災が発生しないようにすること、万が一火災が発生しても安全に避難できること、火災が激しくならないようにすることなどです。多くは設計段階で練られハードとして組み込まれるものですので、防火設計を行う設計者が押さえておく内容といえます。ただ、建物に備えられた防火対策が管理者や使用者に伝わらないと、知らず知らずにそれらの防火対策が使えないような設え_{しつら}になっていたり、室の用途が変わってしまって設計段階で想定していない状態になっていたり、ということもあり得ます。その意味では建物の管理者や使用者にも理解してもらう必要のある内容です。

2 -1 防火とは

●なぜ防火が必要？

防火とは「火災の発生を防ぎ、万一発生した場合に最小限の被害に抑えること」です。ではなぜ防火が必要でしょう。第一は言うまでもなく「人命安全のため」です。ですがそれが達成されれば何でもいいのかといえば、そうでもないはずです。例えば、建物が全焼したり、家財が消失してしまったり、あるいは、ボヤで済んでも、建物の機能がダウンして、生活や業務継続が一時的に難しくなったりと、いろいろな形で利用者や所有者が不利益を被ることになります（図2-1-1）。そうならないための防火でもあります。守るものの優先順位があるのは確かですが、できるだけ多くのものを守り、損をしないようにしたいというのが本音です。そのためにさまざまな防火対策を講じます。

●防火対策の種類

防火対策の手法はさまざまですが、火災フェーズ（1-4節（火災進展のメカニズム）参照）ごとに有効な対策は変わります。出火、初期火災、盛期火災それぞれでどのような対策が有効なのか紹介します（図2-1-2）。

・出火防止の対策

日常における**出火防止**の対策は特に重要です。火気の取り扱いや可燃物の管理、点検などの維持管理を行います。

・初期火災に対する対策

まず火災を**発見・通報**すること、**初期消火**で火災を鎮火、あるいは局所化することが重要です。また、避難を開始するフェーズでもありますから、適切な**避難経路**の確保も初期火災に対する対策といえます。また、安全に避難できるようにするために**煙制御**を行います。

・盛期火災に対する対策

火災が激しくなるフェーズで、**耐火性能**の確保が重要です。火災を出火室

に限定（**区画、隣接建物への延焼防止**）するとともに、建物自体が倒壊しないようにします。

図 2-1-1　防火の意義

生命の保護　　　　　財産の保護　　　　　業務の継続

図 2-1-2　火災フェーズごとの防火対策

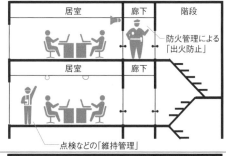

出火前

・維持管理　→2-2 節
・出火防止　→2-3 節

居室　　廊下　　階段

防火管理による「出火防止」

居室　　廊下

点検などの「維持管理」

初期火災

・発見、通報　→2-4 節
・初期消火　　→2-5 節
・避難　　　　→2-6 節
・煙制御　　　→2-7 節
・区画（煙の拡散防止）
　　　　　　　→2-8 節

感知器、放送設備による「発見・通報」

「区画」による煙拡散防止

消火器やスプリンクラーによる「初期消火」
自然排煙による「煙制御」

適切な「避難経路」の確保

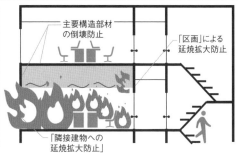

盛期火災

・区画（火災の拡大防止）
　　　　　　　→2-9 節
・耐火　→2-10 節
・隣接建物への延焼防止
　　　　　　　→2-11 節

主要構造部材の倒壊防止

「区画」による延焼拡大防止

「隣接建物への延焼拡大防止」

2-2 リスク管理と維持管理

●リスク管理とスイスチーズモデル

前節では、防火対策の種類を火災フェーズごとで紹介しました。これらの対策を総合的に組み合わせて、火災時の安全性を確保していきます。ここでは、さまざまな対策を総合的に講じる理由をリスクの観点から説明します。

事故発生のメカニズムとして、**スイスチーズモデル**という考え方が使われます。スイスチーズとは図 2-2-1 のような穴のあいたチーズのことです。チーズは何かしらの防護策です。普通、完璧な防護策はないので、いくつか弱点すなわち穴があいています。場所によっては穴が大きい場合もあります。複数の防護策を重ねると、穴の位置が異なるので、どこかで止められますが、穴が大きい部分があったり、防護策が 1、2 枚と少ないと、どこでも止められず、向こう側まで穴が通ってしまいます。このとき重大な事故が発生するという考えです。

大きな被害を出さないためには、防護策の数を増やし、それぞれで弱点が極力ないようにすることが大切です。

●維持管理

防火対策は設計段階でほぼ防護策（＝チーズ）の数が決まるといえます。この防護策は初期不良がない限りは、建物ができて間もない頃ほど穴が少ない状態です。しかし、建物を使って行く過程で、防護策の役割が忘れられてしまったり、経年劣化により設備が故障してしまったりすると、穴が徐々に大きくなっていってしまいます（図 2-2-2）。設置した防護策が有効に機能するためには日常的に維持管理を行うことが重要です。

●マン・マシンシステム

人と機械（建築物などハード全般）が相互に連携するシステムをマン・マシンシステムと呼びます。ハードだけでは、うまく機能しない場合がありま

すので、それを使う人が、ハードの使い方を理解して、適切に使用・維持管理していく必要があります。

図 2-2-1　スイスチーズモデルと防火上の考え方の例

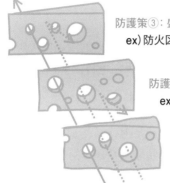

重大事故の発生　ex）大規模火災の発生 etc.

防護策③：盛期火災対策
　ex）防火区画・耐火・外部への延焼防止 etc.

防護策②：初期火災対策
　ex）初期消火・発見・通報・避難経路 etc.

防護策①：出火防止対策
　ex）防火管理・維持管理 etc.

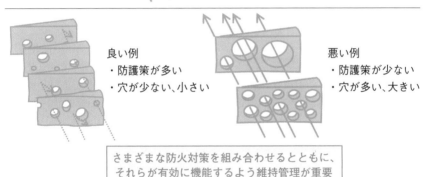

良い例
・防護策が多い
・穴が少ない、小さい

悪い例
・防護策が少ない
・穴が多い、大きい

さまざまな防火対策を組み合わせるとともに、
それらが有効に機能するよう維持管理が重要

図 2-2-2　不具合発生確率と使用年数の関係

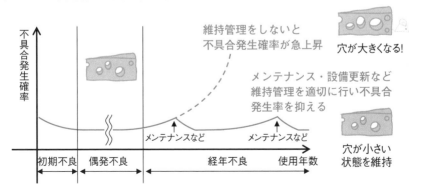

不具合発生確率

維持管理をしないと
不具合発生確率が急上昇　穴が大きくなる!

メンテナンス・設備更新など
維持管理を適切に行い不具合
発生率を抑える

穴が小さい
状態を維持

メンテナンスなど　　メンテナンスなど

初期不良　偶発不良　　　経年不良　　使用年数

2-3 出火防止

●建物内の出火リスク

出火そのものを確実に防ぐことができれば、それ以上の防火対策はありません。しかし建物を使用する中で、出火リスクをゼロにすることは困難です。厨房での火の使用、電気ストーブ、電気設備の設置など生活や業務の活動上必要不可欠なものの中にも**出火源**となり得るものがあるためです。加えて、建物内には机やソファ・書籍などの物品や、床・壁・天井の内装材などの「可燃物」があることは1-3節（出火原因と火災発生のメカニズム）で紹介したとおりです。出火源から可燃物に火が移ると火災発生につながります。そうならないよう対策することが重要です。

●出火源の管理と可燃物の制御

出火源があっても付近に可燃物がなければ大きな火災には結びつきませんので、出火源と可燃物を分離するなど、適切にコントロールすることが大切です（図2-3-1）。物理的に離すことも重要ですし、他にも出火源のある部屋は、内装の不燃化、物品の配置の制限、物品の不燃化なども出火源と可燃物の分離につながります。

例えば、飲食店の厨房では、設計上は、（1）厨房は不燃区画として他の部屋とは明確に分離、（2）床を含む内装材、厨房設備（換気扇、ダクトなど）の不燃化、（3）ダクトには火災時に閉鎖するダンパーを設置するなどの対策を施します。また、管理上は（1）火気付近は整理整頓し不必要な物品は置かないようにする、（2）特に燃えやすい油などは不燃の容器に収納する、（3）厨房設備は定期的に清掃を行い油など火災につながる汚れを除去する、（4）火気使用中は目を離さないようにすることで対策します（図2-3-2）。

●放火の防止

放火は予測ができない部分がありますが、まったく対策ができないわけで

はありません。放火しづらい状況を常に作ることが大切です。例えば、（1）死角となりやすい部分に可燃物を置かない、（2）出入口にセキュリティを設ける、（3）巡回やカメラによる監視を行うなどです。

図 2-3-1　出火のメカニズムのイメージ図

図 2-3-2　飲食店の厨房における出火防止対策

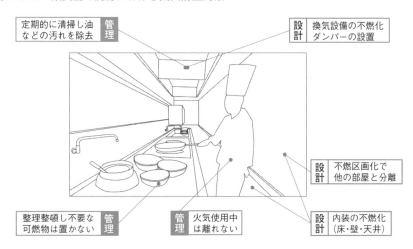

2-4 発見・通報

●防災センターを中心とした発見通報

　ひとたび火災が起きてしまったら、いかに早く対処できるかが重要で、その中でも発見通報は重要な要素の１つです。火災はどこで発生するかわかりません。人の目につきやすいところで起こるとは限らず、誰も気づかないまま火災が進展し、気付いたころには手遅れになる、という場合もあります。

　そのようなことが起こらないよう、ある程度規模が大きい建物内には火災を発見・感知する設備が設けられています。また、火災発生を建物内の在館者に伝える通報設備もあります。これら一連のシステムは防災センターや中央管理室などを中心として機能します（図2-4-1）。

　具体的な設備の種類や機能などの内容は３章で説明します。

●マン・マシンシステムによる通報までの流れ

　2-2節（リスク管理と維持管理）でマン・マシンシステムの紹介をしました。防災センターを中心とした発見から通報までの一連の流れはこのマン・マシンシステムが重要になります。

　自動火災報知設備を設置した場合の、発見から通報までの流れをマンとマシンに分けて考えてみます（図2-4-1）。火災の発見は、まずは感知器（マシン）に頼ります（在館者が発見する場合もありますが前述したように人がいない場所では、期待できません）。感知器が発報すると、第一報として女性の声で感知器発報と火災を確認中の旨を放送します。ただし、感知器は誤作動する場合もありますので、防災センター要員が現場に駆けつける（マン）、あるいは別の感知器が発報（マシン）した段階で火災を確定し、あらためて、放送設備で火災の旨を在館者に伝えます。火災が確定した場合は男性の声で、誤報の場合は女性の声で館内にその旨伝えます（図2-4-2）。火災の場合は放送と同時に消防設備の作動や消防機関への通報も行われます。

図 2-4-1　マン・マシンシステムによる発見から通報の流れ

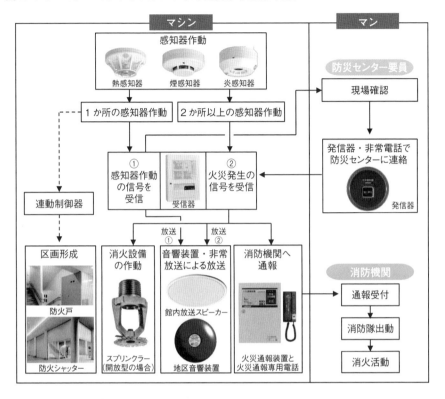

図 2-4-2　放送内容

放送①　（1 か所の感知器作動）

（女性の声で）ただいま○○階で火災感知器が作動しました。
係員が確認しておりますので次の放送にご注意ください。

放送②　（2 か所以上の感知器作動などにより火災確定）

（男性の声で）火事です。火事です。
○○階で火災が発生しました。落ち着いて避難してください。

放送②′　（誤報）

（女性の声で）先ほどの火災感知器の作動は、確認の結果、
異常がありませんでした。ご安心ください。

2-5 初期消火

●初期消火の狙い

　万一火災が起きてしまっても火災が小さいフェーズであれば、消火器やスプリンクラー設備などの消火設備で鎮火が可能です。また、仮に鎮火に至らなくとも、火災の成長をある程度抑制できる場合もあります（図2-5-1）。これにより、例えば、避難する際に少し余裕をもって行動できるだとか、消防隊が駆けつけたときにそこまで大きな火災にならずに済み、比較的容易に鎮火できるといったことも期待できます。

　逆に火災がある程度大きくなると、消火は容易ではありません。建物に設置された消火設備では十分な効果を期待できません。あとは、消防隊の本格的な消火活動を期待するしかありません。

●初期消火設備の種類

　日常よく目にする設備では、消火器、屋内消火栓、スプリンクラーなどがあります。最近では屋内消火栓などは建物のデザインを損なわないような工夫もみられますし、シースルーにして防火意識の向上を図るものもあります（図2-5-2）。これらはいずれも「冷却消火」の設備ですが、他にも「窒息消火」「抑制消火」設備もあります。設計上は、建物の用途や空間に応じて適切な消火設備を設置する必要があります。また建物を管理する立場では、設置された消火設備の種類とその特徴を把握する必要があります。種類や特徴については、4章で詳しく説明します。

●地震が起きた後のスプリンクラーは大丈夫？

　自動消火設備であるスプリンクラーは作動信頼性、消火能力ともに比較的高いといわれますが、故障してしまえば作動しなくなってしまいます。特に地震後は故障の可能性が高くなります。平成30年に総務省消防庁は、大規模地震時においてもスプリンクラー設備などが機能するよう、耐震措置に関

するガイドラインを作成し通達を出しています。ガイドラインで法的な拘束力はありませんが、地震後でもスプリンクラーが正常に作動するよう対策を講じておくことが望ましいのは言うまでもありません。

図 2-5-1　初期消火の効果

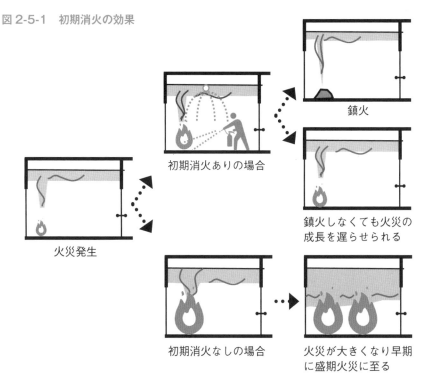

火災発生

初期消火ありの場合

鎮火

鎮火しなくても火災の成長を遅らせられる

初期消火なしの場合

火災が大きくなり早期に盛期火災に至る

図 2-5-2　身近な初期消火設備

消火器　　スプリンクラー　　　　屋内消火栓

シースルーにすることで中身を周知させるとともに防火意識を高められる

提供：能美防災株式会社（中）、青木防災株式会社（右）

29

2 -6 避難経路

●安全な場所への避難

火災が起きたら、迅速に安全な場所に避難する必要があります。まずは火災が起きた部屋から避難し（居室避難）、次いで火災が起きた階から（階避難）、最後に火災が起きた建物から避難します（全館避難）（図2-6-1）。その際重要な避難経路となる廊下や階段は、避難が迅速かつ安全に行えるよう、さまざまな観点からの配慮が必要です。

● 2 方向避難の確保

避難計画上の重要な考え方に**2 方向避難**があります。これは避難経路を 2以上確保することで、仮に一方の経路が火炎や煙の影響で通行不可能な状況になっても、もう一方の経路から避難できるようにすることが狙いです。

火災が起きた部屋から避難する状況では、例えば、扉が 1 か所しかないと扉の近くで火災が起きてしまうと逃げ場がなくなってしまうため、扉は複数あることが望ましいです（図2-6-2）。また、他の階で出火し煙が階段室内に流れ込んで階段が使えなくなるような状況もあり得ます。そのときに階段がその 1 本しかないと、地上に避難することが難しくなります。そのため、用途や規模によっては、地上に至る階段を 2 か所以上設けることが建築基準法で定められています。上記のような趣旨からすると、2 か所の階段が近くにあっても意味がありませんので、階段がある程度離れた位置に配置されるよう、2 つの経路の重複距離を制限する規程もあります。

●避難経路の安全区画化

避難経路は、火災が起き得る部屋と区画して安全区画とすることが望ましいです（図2-6-3）。避難経路を床・壁・天井それぞれを他の部分と縁を切ることで、万一どこかで火災が起きても、避難経路には火炎や煙の影響が及ばないように守ります。あわせて排煙設備を設けることで長時間安全性を確保

できるようにします。

図 2-6-1　居室から屋外までの避難

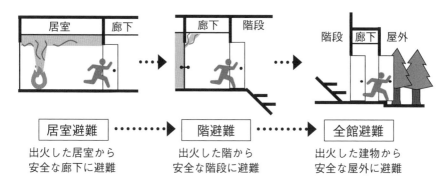

居室避難 ┈┈┈┈▶ 階避難 ┈┈┈┈▶ 全館避難

出火した居室から　　　出火した階から　　　出火した建物から
安全な廊下に避難　　　安全な階段に避難　　　安全な屋外に避難

図 2-6-2　2 方向避難と重複距離（居室、階段）

居室から避難する場合

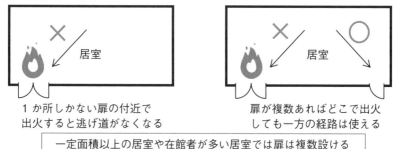

1 か所しかない扉の付近で
出火すると逃げ道がなくなる

扉が複数あればどこで出火
しても一方の経路は使える

一定面積以上の居室や在館者が多い居室では扉は複数設ける

階段で地上まで避難する場合

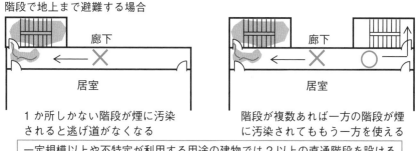

1 か所しかない階段が煙に汚染
されると逃げ道がなくなる

階段が複数あれば一方の階段が煙
に汚染されてももう一方を使える

一定規模以上や不特定が利用する用途の建物では 2 以上の直通階段を設ける

31

●通行しやすい設え

　避難経路は在館者がスムーズに避難できるようにしなければなりません。

　そのために十分な通路幅員や面積を確保する必要があります。通路幅員は建築基準法で定める幅員以上確保することはもちろんですが、途中で幅員が狭くなると、そこがネックとなり、スムーズに通行できなくなります。特に複数の経路が合流するような場合、それぞれの経路幅員を合計した幅員を確保することが望ましいです。また、避難経路の面積は防火設計を行う際に、在館者の人数に応じて必要な容量を決めます。面積が不十分だと、避難経路に在館者が滞留してしまい、部屋にいる在館者が部屋から出られなくなってしまう可能性があります（図2-6-4）。

　また、避難経路に段差があると転倒などのおそれがあり危険です。不特定多数が利用するような施設や大人数の通行が予想される経路では特に留意します。

●物品・可燃物の制限

　上記のように、避難経路は避難時にスムーズな通行ができるような設計としていますので、避難上の妨げになるような物品の配置はしてはいけません（図2-6-5）。物品があることで、経路の幅員が狭くなりますし、有効面積も少なくなり、避難者の流動が阻害されます。また転倒のリスクも高まります。

　雑居ビルなどでは、階段部分を物置代わりにしている状況をしばしば見かけます。日常時はエレベータを使用し、階段を使用しないためだと思われますが、このような状況では火災時に迅速に避難できないことは明らかです。

　避難経路に物品を配置するということは、そこが出火源になるリスクも生じます。避難経路で火災が発生すると、在館者の逃げ場がなくなりますので、多くの死傷者が出てしまうことも十分考えられます。平成13年に発生し44名もの死者を出した、新宿歌舞伎町雑居ビル火災では、1か所しかない階段に可燃物が置かれ、そこが火元（放火の疑い）になりました。

図 2-6-3　経路の安全区画化による効果

・安全区画がないと階段まで
　迅速に避難する必要がある
・階段室に煙が漏れやすく迅速
　に外部に避難する必要がある

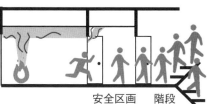

・廊下や前室などの安全区画に
　避難できれば、一時的に安全
　になるのでゆっくり避難できる
・階段室に煙が漏れにくくなる
　ため、階段室は長時間安全

図 2-6-4　避難経路の容量

廊下の面積が小さいと
在館者の一部が居室から
出られなくなる

廊下の面積が大きければ
在館者がスムーズに
居室から出られる

廊下の面積だけ大きくても
扉配置が不適切だと
意味がない

図 2-6-5　階段に物品が置かれることによるリスク

階段室に物品を置くと……

出火・延焼拡大につながる（逃げ道がなくなる）

扉の開閉に支障が出る

物品が散乱すると転倒につながる

階段の幅が狭くなる

2-7 煙制御

●煙制御の目的

　火災が発生すると、有毒なガスを含んだ煙が生成されます（1-2 節（燃焼がもたらす人体への影響）参照）。この煙は温度が高いため浮力によって上方へ立ち上ります。空気の乱れがなければ、空間の上部から徐々に溜まり、やがて在館者がいる高さ付近まで降下してきます。煙による一酸化炭素中毒や窒息は火災による死亡原因のトップであることからも、この有害な煙をうまくコントロールして、在館者が安全に避難できるような計画とする必要があります（図 2-7-1）。また、消防隊が安全かつ迅速に取り残された在館者の捜索や救助をしたり消防活動をしたりする際にも、煙制御が重要です。

●煙制御の種類

　煙制御の手法の代表例を下記と図 2-7-2 に示します。これらの手法は単独でも効果がありますが、複数組み合わせることで、より効果的になります。また、ここでは概念のみを説明しますが、これらの手法を利用した実際の煙制御システムについて、その設備的な内容を 3-10 節（煙制御システム）にまとめていますので、そちらも参照してください。

・排煙

　煙を外部に排出する方法です。発生した煙の一部あるいは全部を外部に排出して煙が降下することを防ぎます。煙が浮力で立ち上る性質を利用した自然排煙方式や、機械力で強制的に煙を排出する機械排煙方式があります。

・蓄煙

　大空間や高天井を利用した方法です。空間が大きければ、設備などに頼らなくても煙の降下をある程度遅延することができます。ただし、時間とともに煙が降下してしまいます。

・区画化

　壁などによって煙の拡散を物理的に止める方法です。一定面積以下で煙の拡散を防ぐことを目的とした区画を建築基準法では**防煙区画**と呼びます。「防煙区画」については次節（区画①　防煙区画と防火区画）にて説明します。

・遮煙

　空気の圧力によって、煙の拡散を防止する方法です。出火室から煙を出さないようにしたり、避難経路に煙が漏れないようしたりすることが目的です。出火室と隣接する室をつなぐ開口部において、双方の室の温度差によって生じる差圧を利用して、隣接室側から出火室側へ空気の流れを作ることで達成します。このような遮煙を利用した煙制御システムは**加圧防排煙**と呼びます。

図 2-7-1　煙制御の目的

煙制御なし

・出火室の煙が早期に降下
・避難経路に早期に煙が漏れる
・在館者が迅速に避難できるような対策が別途必要

煙制御あり

自然排煙　　　　　　　機械排煙

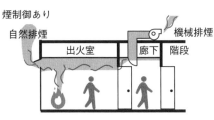

・出火室の煙降下を遅延できる
・避難経路は長時間煙が降下しないようにできる
・在館者はゆっくり避難可能。避難困難者がいる場合も有効

図 2-7-2　煙制御手法の種類

排煙	蓄煙	区画化	遮煙

煙排出による煙降下遅延	大空間による煙降下遅延	壁や防火設備による煙拡散防止	空気圧による煙拡散防止

2-8 区画① 防煙区画と防火区画

●区画の種類

　避難経路の節で「安全区画」という名前ですでに「区画」の考え方が出てきています。安全区画は避難経路を火炎や煙から守るためのものでした。これを燃えている火災室側から見ると、火炎や煙を隣の部屋に広げないためのものと考えることができます。すなわち火炎や煙を火災室にとどめるということです。これが区画の基本的な考え方です。火災はとにかく小さい範囲に抑えるのが基本です。区画はいくつか種類がありますが、代表的な2つを紹介します。煙拡散を防止する**防煙区画**と火炎拡大を防止する**防火区画**です。

●防煙区画

　防煙区画は不燃材料で作られた壁や天井による区画で、煙の流動を止めることを目的としています。これにより煙拡散を防ぎ、在館者が避難する時間を稼ぐことができます。また煙を局所にとどめることで、排煙の効果を高めるとともに、煙感知器が発報しやすくする狙いもあります。

　また、防煙垂れ壁も防煙区画の一種です。防煙垂れ壁は天井から垂れ下がるように設けられた壁です。通常の壁と異なり下部は空いていますので、1つの部屋を複数の防煙区画に分けることも可能です。ただし、垂れ壁の場合、通常の壁より煙拡散の遅延効果は薄くなります。

●防火区画

　防火区画は耐火・準耐火構造の床・壁または防火設備による区画です。壁などは耐火・準耐火構造（6-1節～6-3節参照）なので、炎・熱の影響をシャットアウトしますし、煙拡散の防止効果もあります。また防火設備は炎や煙の拡散を防止します。建築基準法で定める防火区画は大きく4種類に分けられます。面積区画、竪穴区画、層間区画、異種用途区画です。区画の意図や、求められる耐火性能、防火設備の性能などが異なります。それぞれの概

要は次節で紹介します。

図 2-8-1　区画による火炎と煙の局所化

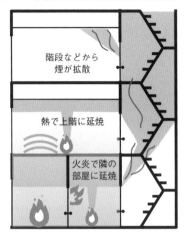

防火区画・防煙区画がない場合

| 煙と火炎が広範囲
に拡大してしまう |

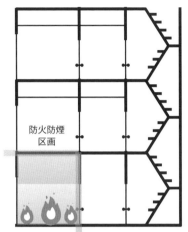

防火区画・防煙区画がある場合

| 火災を小さい範囲に
とどめることが可能 |

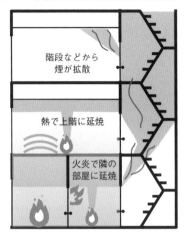 (labels) 階段などから煙が拡散 / 熱で上階に延焼 / 火炎で隣の部屋に延焼

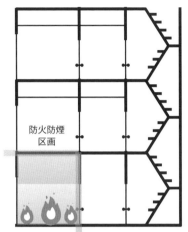 (label) 防火防煙区画

表 2-8-1　防火区画と防煙区画

区画	防火区画	防煙区画
概要	火炎と煙を防ぐ区画 （防煙区画を兼ねる）	煙を防ぐ区画
床壁	耐火・準耐火構造	不燃材料でつくるか覆う
開口部	防火設備 防火防煙シャッター 防火戸 ※日常的に開放状態の防火設備は火災時に有効に機能するよう維持管理が重要	開口部の制限なし 防煙垂れ壁 排煙／感知器／垂れ壁 ※垂れ壁は煙拡散防止効果は弱いが排煙効率や感知器作動確率を高める

提供：三和シャッター工業株式会社（左）、帝人フロンティア株式会社（右）

2-9 区画② 防火区画の種類と防火設備

●防火区画の種類

建築基準法上の防火区画は大きく下記の4種類があります（図2-9-1）。

面積区画：火災が広範囲に拡大しないよう、原則、床面積1500 m²（11階以上は100 m²（高層区画））以内ごとに防火区画します。なお、スプリンクラーや内装、用途による緩和があります。

竪穴区画：階段やダクトスペースなど複数層に渡って形成される空間は竪穴といいます。竪穴が炎や煙が他の階に拡散する経路とならないよう、竪穴部分は他の部分と防火区画します。

層間区画：出火階の上部の床が抜けたり、窓ガラスから火炎が噴き出したりして、上階に火災が拡大してしまうことがないよう、床や外壁のスパンドレル部は防火区画とします。

異種用途区画：複合施設などにおいて、用途や使われ方（利用時間帯、在館者の性質など）が異なると、火災時の初期対応時に混乱が生じる可能性があるためその境界部を防火区画し、火災の影響が及ばないようにします。

●防火設備の種類

防火区画の開口部には防火設備が必要です。防火設備は火炎を遮る性能（遮炎性能）を有する、扉や窓のことです。遮炎性能が20分の「防火設備」と1時間の「特定防火設備」に分けられます。さらに、煙を遮る性能（遮煙性能）の有無による分類もあります。上記防火区画の種類ごとに設ける防火設備の種類も異なります（図2-9-1）。

●防火設備による区画形成

防火設備による区画は、床・壁などと比較すると、区画形成の信頼性が劣ります。特に、日常的には開放状態を維持する防火シャッターや防火戸は信

頼性がさらに下がります。例えば、シャッターであれば、機械的に問題なく作動するか、直下の物品による閉鎖障害がないかなど維持管理が重要です。

　商業施設で店舗と廊下の間のシャッターラインに商品を陳列している例はよく見かけます（図2-9-2）。店舗側とビル管理側双方が区画の必要性を理解し、維持管理を徹底しなければなりません。また、シャッターのラインがわかるよう、床の色を変えたり鋲を打ったりするなどの工夫も効果的です。

図 2-9-1　防火区画の種類

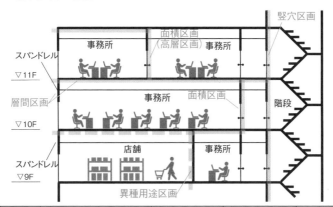

区画の種類	面積区画	(高層区画)	竪穴区画	層間区画	異種用途区画
概要	1500 m²以内毎に区画*¹	11階以上は100 m²以内毎に区画*²	階段やダクトスペースなどの竪穴は他と区画	床や外壁スパンドレルで区画	異なる用途間は区画
床・壁	準耐火構造	耐火構造	準耐火構造	準耐火構造	準耐火構造
開口部	特定防火設備遮煙なし	防火設備遮煙なし*³	防火設備遮煙あり	防火設備遮煙なし	特定防火設備遮煙あり*⁴

＊1　スプリンクラー、用途による緩和あり　　＊2　スプリンクラー、内装、用途による緩和あり
＊3　内装により面積を緩和した場合特定防火設備が必要　　＊4　耐火建築物の場合

図 2-9-2　シャッター降下障害防止

2-10 耐火

●「耐火」と２つの目標性能

　「耐火」と「防火」は言葉が似ていますね。防火はこの章の冒頭で書いたように、「火災の発生を防ぎ被害を最小限に抑えること」です。一方、**耐火**は「火熱に耐える」ことです。つまり起きてしまった火災に対しての防火対策の１つです。もっといえば火災が進展し、室内が激しく燃えている盛期火災の状態で「火熱に耐える」ことを指します。

　では「火熱に耐える」とはどういうことか。耐火には「延焼拡大防止」と「建物の倒壊防止」（図2-10-1）２つの目標性能がありますので、それぞれの点から説明します。

●延焼拡大防止

　延焼拡大防止は、火災を出火室にとどめ、周囲にその影響が及ばないようにすることです。つまり、床や内部の間仕切壁、あるいは外壁や屋根など部屋を構成する面材が「火熱に耐える」ことを意味します。内部の間仕切壁や床については 2-7 と 2-8 節で紹介した防火区画、外皮となる外壁や屋根については次節にて紹介する内容と対応します。

　火災が拡大してしまうということは、単に焼損面積が増えて物的被害が増すばかりか、避難中の在館者の生命を脅かすおそれもあります。例えば、高層ビルなどでは避難が終わるまでに相当の時間を要します。このような状況で、在館者が避難する階段室の隣の部屋で火災が起きていたらどうでしょうか。階段室内に熱が伝わったり、壁が突破されて火炎が迫ってきたりするかもしれません。そうすると避難が困難になってしまいます。あるいは、火災の範囲が他の部屋、他の階、他の建物に拡大すると消火活動もより困難なものになります（図2-10-2）。このような点からも「延焼拡大防止」が重要です。

●建物の倒壊防止

建物の倒壊防止は、建物を支える柱や梁などの構造部材が火熱に耐えて、構造体としてある程度健全な状態を意地することで、建物が倒壊しないようにすることです。

仮に「延焼拡大防止」を図っても、出火室内にある柱や梁、床などが火熱で壊れてしまったら、建物そのものが崩壊することもあり得ます。そうなると、逃げ遅れた在館者の生命が危ぶまれる他、近くにいた人や周りの建物にも危険が及んでしまいます（図2-10-2）。

図2-10-1　耐火に必要な2つの目標性能

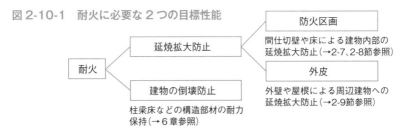

図2-10-2　延焼拡大防止と建物の倒壊防止による生命・財産の保護

区画に耐火性能がないと他の部屋に火熱が及ぶ	構造体に耐火性能がないと壊れて建物の倒壊につながる	外皮に耐火性能がないと周囲の建物にも火災が拡大
・階段などを避難中の在館者や消防隊に危険が及ぶ ・消火対象の部屋や階が増え消火活動が過酷になる ・複数の部屋で物的被害が生じる	・取り残された在館者に危険が及ぶ ・建物自体や家具などの物的被害が生じる ・周囲の人や建物にも危害が及ぶ	・周囲の建物の在館者に危険が及ぶ ・消火対象の建物が増え消火活動が過酷になる ・周囲の建物でも物的被害が生じる
延焼拡大防止 が必要	**建物の倒壊防止** が必要	**延焼拡大防止** が必要

2-11 隣接建物への延焼防止

●なぜ隣接建物へ延焼するか

　ある建物で火災が発生して盛期火災に進展すると、窓ガラスなどの開口部から火炎が噴き出したり、あるいは建物自体が燃焼し始めたりします。そうすると建物の外部にも火炎や熱の影響が及びます。

　例えば、2棟の建物が窓ガラスで面している場合、まず火災が発生した建物側で窓ガラスが割れ、そこから火炎が噴出します。隣の建物側のガラスも高温の火炎に熱せられるので割れてしまいます。さらに、窓の近くに置かれていた家具などに着火してしまうと、隣の建物側でも火災が発生してしまいます（図2-11-1）。

　延焼はこの他にも、屋根に火の粉が飛び火することによっても起きます。平成28年の糸魚川市で発生した大規模火災は、家屋の瓦屋根に飛び火し、強風の影響で瓦屋根の隙間から内部の木材に着火したと考えられています。このような延焼が連鎖的に起きると甚大な被害をもたらします。

●外皮で延焼を防ぐ

　延焼経路となり得る開口部、外壁、屋根（外皮）に対して外部への延焼拡大の防止措置を取ります。建物の規模や構造、地域によって、法的な制約は異なりますが、ここでは、耐火建築物を対象としてごく簡単に触れます。

　延焼を防ぐためにまず、「延焼のおそれのある部分」の開口部は防火設備とします。「延焼のおそれのある部分」は建築基準法で定義されており、敷地の境界（隣地境界線または道路中心線）からの距離が1階では3m、2階以上では5mの範囲のことです。すなわち周囲の建物からの火災の影響を受けやすい範囲を意味します。その範囲内にある窓は、火災の影響で割れないよう、網入りガラスなどの防火設備とします。外壁は火炎と熱を、屋根は火炎を遮る性能を確保する必要があります（図2-11-2）。

図 2-11-1 隣接建物への延焼経路の例

ビル火災での隣接建物への延焼

火元の建物で窓ガラスや外壁が崩壊

••▶ 火炎や熱が外部に及ぶ

••▶ 近くの建物のガラスが割れる

••▶ 室内の家具が着火し延焼が拡大

住宅火災での隣接建物への延焼

火元の建物で屋根が崩壊

••▶ 火炎や熱が外部に及ぶ

••▶ 近くの建物の屋根に飛火

••▶ 下地の木材が着火し延焼が拡大

図 2-11-2 延焼のおそれのある部分

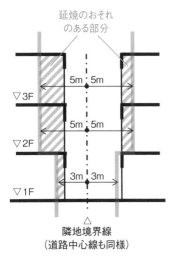

延焼のおそれ
のある部分

▽3F
5m：5m

▽2F
5m：5m

▽1F
3m：3m

△
隣地境界線
（道路中心線も同様）

延焼のおそれのある部分

境界線からの距離が
1階で3m、2階以上で
5m以内の範囲のこと

建物間の距離が近い
場合は外壁と開口部
は火災に強くする

耐火建築物の外皮の要求性能

性能	外壁		開口部		屋根
	延焼の おそれ あり	延焼の おそれ なし	延焼の おそれ あり	延焼の おそれ なし	
遮熱性 （熱を伝えない）	60分	30分	—	—	—
遮炎性 （炎を出さない）	60分	30分	20分	—	30分

※ 遮熱性と遮炎性は「6-1節」参照

❗ 火災時にエレベータは使用していいの？

　原則、火災時の避難にエレベータは使用できません。エレベータシャフトは煙の伝搬経路となるため有毒ガスが充満しやすいですし、火災時は停電のリスクもありますので、エレベータが途中で停止し閉じ込められてしまう危険性があるためです。火災時管制運転機能付きであれば、火災時に自動で避難階に直行し、その後自動的に使用できなくなりますが、建物の規模や建てられた年代によってはこの機能が付いていない場合もあります。火災時の避難では基本的には階段を利用してください。

　「超高層ビルとかでも階段で避難しなきゃいけないの？」だとか「車いすの人はどうやって避難するの」だとか、いろいろと疑問がわくかもしれません。

　冒頭に「原則」と書いたのは、例外があるということで、最近では避難にエレベータを使える建物もありますし、今後そういった建物が増える可能性も十分あります。時代の変化で、建物は超高層化していますし、これらの建物にも高齢者や車いす使用者など避難時に階段での避難が難しい人たちがいます。このような状況を踏まえて、エレベータで地上へ避難できるような制度の整備や検討が進められています。

　現時点では、東京消防庁が運用を開始した「高層建築物等における歩行困難者等に係る避難安全対策」の認定制度に基づいて、「歩行困難者」が「非常用エレベータ」で避難する、という使われ方があります。将来的には、「すべての利用者」が普通の「乗用エレベータ」で安全に避難できるようなシステムが実現するかもしれません。

第3章

火災覚知と
通報及び避難

　人と建物を守る「建物の消防の用に供する設備」には、消火設備、警報設備、避難設備があります。

　本章では、施設を運営・利用する上で、避難を行う際に重要な役割を担う、警報設備、避難設備の種類とそれぞれの役割を理解しましょう。

自動火災報知設備

●自動火災報知設備とは？

　自動火災報知設備とは、火災による煙や熱を感知器が感知し、受信機、音響装置（ベル）を鳴動させて建物内の人たちに火災を知らせ、避難と初期消火活動を促す設備です。

　自動火災報知設備は、消防用設備の一種であり、消防法や条例により、一定面積以上の建物や店舗のある雑居ビル・重要文化財などの防火対象物の設置が義務付けられています。

●設備の構成要素

　自動火災報知設備は、受信機・発信機・中継器・表示灯・地区音響装置・感知器から構成される設備であり、これらが連動することで機能します。

　感知器が火災を感知すると、受信機に火災信号などを送ります。受信機は、信号を受け取ったら、警報を発するとともに、火災地区を表示し地区ベルなどを鳴動させ、建物内にいる人に火災の発生を知らせます。

　そのため、構成する要素の設備の１つが故障することで、建物内にいる人への通知を遅らせ、避難を遅らせる大きな原因になります。日常的な点検など、適切な維持管理が重要です。

●設置基準

　自動火災報知設備の設置基準は、消防法施行令第 21 条によって定められています。建物用途や規模などに応じて設置状況は異なるため、法令を確認し、建物条件に合わせた設置が必要になります。

●設置工事・点検整備

　設置工事には甲種第 4 類消防設備士が必要です。

　点検整備には甲種または乙種第 4 類消防設備士もしくは消防設備点検資格

者という資格が必要です。

　点検周期は消防法令で規定されています。半年に１度が義務であり、消防署への書類提出は建物により異なり、１年に１度や３年に１度となるため、消防署への確認が必要です。

　受信機は感知器が火災を感知したことを防火管理者に知らせるもののため、受信機は建物の防災センターや管理室などに設置されます。

図 3-1-1　自動火災報知設備概略図

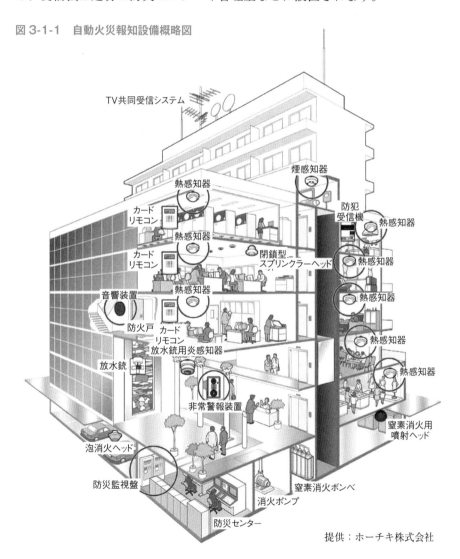

提供：ホーチキ株式会社

●感知器の種類

　自動火災報知設備の感知器には、煙を感知するもの、熱を感知するもの、炎を感知するものなどがあります。設置する室の用途や使用状況に応じて、適切な感知器を設置します。

・熱感知器
　差動式スポット型感知器：感知器の周囲の温度が上昇する際の内部空気の膨張を感知するもの。
　定温式スポット型感知器：周囲の温度が上昇し一定の温度になったものを感知するもの。

・煙感知器
　光電式スポット型感知器：感知器の内部に煙が侵入し、内部の発光部と受光部で光の乱反射を利用して感知するもの。
　光電式分離型感知器：送光部の感知器と受光部の感知器との間の光線が煙によって遮られて感知するもの。

・炎感知器
　紫外線式／赤外線式スポット型感知器：火災時に発生する炎に含まれる紫外線や赤外線を感知し、一定量以上を感知するもの。

・その他
　一酸化炭素検出型感知器：燃焼に伴って発生する一酸化炭素をセンサーで検出するもの。換気不足による不完全燃焼なども検知可能。

●受信機の種類

　受信機の役割は、感知器や発信機の持つ固有の番号から、伝送信号により火災信号を受信するシステムになります。信号の発信・受信、情報の表示の方法により、Ｐ型受信機・Ｒ型受信機と違いがあります。

・Ｐ型（Proprietary-type）
　感知器の電気的な接点が閉じ、電流が流れることで、信号を警戒区域毎に共通線を介し個々の配線で受信機に送り、火災を知らせるものです。感知器

が作動すると音響装置のベルが鳴り、作動した感知器の警戒する区域のランプが点灯します。

・R型（Record-type）

　感知器あるいは中継器から固有の信号に変換された火災信号などを共通の電路にのせて受信機に送り火災の発生を知らせるものです。感知器が作動すると音響装置のベルが鳴り、作動した感知器や警戒する区域を数字でデジタル表示します。

図 3-1-2　感知器一覧

差動式スポット型

定温式スポット型

光電式スポット型

光電式分離型

赤外線式スポット型

提供：ホーチキ株式会社

3-2 非常警報設備

●非常警報設備

非常警報設備とは、建物の利用者に火災を報知する設備です。自動火災報知設備の感知器の作動と連動、または非常放送設備の操作部を人が操作することで、建物内に設置されたスピーカーを通じて災害の発生及びその状況などを人々に知らせるものであり、多数の者がいる防火対象物などに設置が義務付けられています。

●設置基準

消防法施行令第24条によって設置基準が定められています。建物規模や建物用途によって異なるため、場合によっては、非常警報設備の設置が免除もしくは一部省略することができます。

非常警報設備は、防火対象物内にいる人に火災が発生した旨を知らせるものであり、多数の者がいる防火対象物などに設置が義務付けられています。また、収容人数が多くなれば、音響だけで火災の発生を知らせただけでは混乱を招くおそれがあることから、非常放送設備の設置が義務付けられています。

●構成装置

非常警報装置・非常ベル・自動式サイレン・非常放送設備（操作部）で構成されています。非常警報設備は他の消火設備と連動しているため、停電時においても作動できるように非常電源の設置が必要になります。

・非常ベル

非常ベルは警報の音響装置として用いられ、ベルが鳴動することで、災害の発生をいち早く知らせることができます。しかし、ベルの鳴動のみで、言語による伝達ではないため、火災発生場所や避難方向、避難方法などの詳細

を伝えることはできません。そのため、放送設備と連動が必要になります。

・自動式サイレン

　自動式サイレンは、警報の音響装置として用いられます。非常ベルと同様、災害の発生を知らせることができます。しかし、サイレンのみのため、この場合もベルと同様に、火災の発生場所や避難方向、避難方法などの詳細を伝えることはできません。

・非常放送設備

　3-3節「非常放送設備」にて述べますが、音声による火災警報を行う放送設備になります。

図 3-2-1　非常警報設備構成装置一覧

非常電話装置		
（手動選択方式）		電話子機
操作部	表示灯	音響装置（ベル）	起動装置
一体型		複合装置	

提供：ニッタン株式会社

非常放送設備

●非常放送設備

　非常放送設備とは、消防法によって定められた非常警報設備の1つであり、大規模な建物や消防隊が容易に進入できない無窓階の防火対象物で、収容人員が一定数以上の建物に設置義務が生じます。

　非常警報設備はベルやサイレンなどの鳴動による警報を行う設備でありましたが、大規模な建物においては、言語ではなく、鳴動による警報だけでは限界があります。そこで、建物全体の放送を可能とするために、非常放送設備の設置が求められるのです。一方で、不特定多数が集まる商業施設や宿泊施設では、ベルやサイレンを突然鳴動する警報方式の場合、ベルやサイレンの大音響が突然聞こえるため、パニックを誘発し、二次災害につながってしまう可能性があることは忘れてはいけません。

●業務放送と非常放送設備の違い

　建築設備として用いられる放送設備には**業務放送設備**と**非常放送設備**があります。業務放送設備は「音響設備」としての位置付けであり、放送が必要な場所に限定し、案内やBGMを放送するものであり、聞き取りやすさを重視した配置計画が求められます。一方、非常警報設備は消防法に規定されている「消防設備」であり、規定に沿った放送設備を計画しなければなりません。

●設置基準

　建物への収容人員が数百人を超えるような大規模な建物では、パニックが起きるのを防ぐために、サイレンやベルと併用して、音声による火災警報を行う非常放送設備の設置が義務付けられています。

　非常放送設備は、緊急放送を明瞭に聴視するため、建物の全エリアが包含できるようスピーカーを配置しなければなりません。包含範囲は、厳密に規定されており、階段や傾斜路も同様に規定されています。ただし、非常用ス

ピーカーを設置した場所には、ベルやサイレンの設置免除や、多数の小区画が存在する場合、小区画ごとにスピーカーを設置するのではなく、一定の条件のもとで、スピーカーの設置の免除可能など、設置状況や条件により、設備の設置免除の規定もあり、計画に係るので、確認が必要です。

なお、放送設備を設置するには非常にコストが高く、年次点検やメンテナンスなどのコストが大きくなります。そのため、警報設備を非常ベルなどの地区音響設備で代替できないか検討することもあります。また、消防法の基準として非常放送設備が不要となっていた場合でも、計画地の管轄の消防に指導として求められる可能性があるため、消防協議した際に、十分な協議を行う必要があります。

●非常放送設備の電源装置

非常放送設備は、停電時に使用できるように非常電源を用意しなければなりません。消防法により、非常電源に求められる能力、機能の規定が細かくあり、容量は機器を 10 分以上作動できること、常用電源が停電した際は、自動的に非常電源に切り替えられ、復旧した際は、自動的に常用電源に切り替えられることなどがあります。

また、放送設備の主装置にニッケル・カドミウム電池などの直流電源装置が内蔵されています。火災時や避難訓練時にのみ放電を行うため、トリクル充電により常に満充電の状態が維持できるように設定されています。ただ、電池の寿命は短く、4 年程度で交換が必要になります。そのため、定期点検で電池の寿命を確認し、有事の際に非常電源が作動しないということがないよう、定期的な点検・交換を行わなければなりません。

3-4 ガス漏れ火災警報設備

●ガス漏れ火災警報設備

　ガス漏れ火災警報設備とは、配管の劣化などによりガスが漏洩した場合に、可燃ガスを検知し、受信機に表示させるとともに警報を発して建物内の人々に知らせ、ガス災害事故を未然に防ぐ設備であります。

●設置基準

　消防法施行令第 21 条によって設置基準が定められています。建物用途や規模によって異なり、場合によっては、非常警報設備の設置が免除もしくは一部省略することができます。また、ガスをいち早く検知する必要があるため、検知器の設置場所は、検知器は天井の室内に面する部分または壁面の点検に便利な場所でさらに細かい規定があります。ガスの性状によってもそれぞれ異なる規定があり、消防法施行規則第 24 条には、検知器を設置してはいけない場所などの規定もあります。

●構成

　主に、検知器・中継器・受信機の 3 つの設備で構成されます。ここに、警報装置や表示板、非常電源装置が組み合わさることで、設備が機能しています。また、ガス供給を緊急に遮断するための操作器が設置されている場合もあります。

・検知器

　ガス漏れを検知し、受信機または中継器に発信するものになります。電源は AC 100 V または DC 24 V で、出力信号は 2 段階有電圧出力であり、ブザーによる警報機能を有しているものが多い。壁掛型と天井付型があります。

・中継器

　検知器から信号を受け、受信機に発信するものになります。

54

・受信機

　検知器が発するガス漏れ及び障害の信号を常時監視し、発生時には警報と表示を行い、付属する設備への移報を行うものになります。付属設備と一体にすることが可能です。

図 3-4-1　ガス漏れ火災警報設備構成品一覧

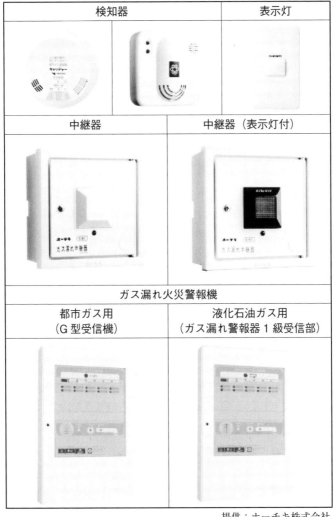

提供：ホーチキ株式会社

3-5 漏電火災警報設備

●漏電火災警報設備

　ラスモルタル造の建築物に漏洩電流が流れることで、その経路にあたる壁下地の鉄網が発熱し、火災が発生することがあります。そのため、屋内配線などが損傷することで漏電が発生した場合に、この漏洩電流を検出し、音響装置を鳴動させ、防火対象物の関係者に報知する設備が**漏電火災警報設備**です。

　一般の漏電リレーとは異なり、漏電火災警報器は、商用電路で火災発生に至るような漏電が発生した際に警報を発し、火災を未然に防ぐ設備になります。

●設置基準

　消防法施行令第22条によって設置基準が定められています。ラスモルタルによる建物で施行令別表第一に示される防火対象物のうち、面積や契約電流が同条に指定される大きさ以上の建物に設置することが義務付けられています。設備を構成するそれぞれの機器の詳細・留意点については、消防法施行規則第24条に示されています。また、消防法施行令第41条により、漏電火災警報器は、自主表示対象機械器具とされています。

　なお、すべてのラスモルタル構造に設置義務があるわけではなく、間柱、根太、天井野縁または下地を不燃材・準不燃材とした場合には、警報機の設置義務がないことがあるので、管轄の消防署などで確認の必要があります。

　また、鉄筋コンクリートや鉄骨を用いた耐火建築物であっても、壁や床・天井にラスモルタルを使用した場合にも、漏電火災警報器を設置の義務が生じます。設計・施工時に、見落としがないよう注意が必要になります。

　漏電火災警報設備が設置される場合として、マンションのキュービクルなどに絶縁監視のために取り付けられることがあります。

●ラスモルタル造とは？

　ラスモルタル造とは、左官工事において塗壁や塗天井用などの下地にメタ

ルラス、ワイヤーラス、ラスボードなどのラスという金属を使用し、仕上げとして、このラスの上にモルタルを塗る建築工法です。ラスとモルタルを一体化することで、丈夫な壁を構築することができ、主に住宅や業務施設で使用されています。木造住宅の外壁を構成する構造用合板と、ラスモルタル層の間に空気層が構築されるため、断熱性能の向上、湿気の侵入防止などが図られ、外壁材としても多くの利点があります。

●設置・点検

漏電火災警報器は、漏電検出の機構自体は、漏電遮断器や漏電保護リレーと同様になります。しかし、緊急時に動作しないということを未然に防ぐために、国家検定合格品を使用しなければならず、設置届の提出、警報を発するまでの一連の動作や検出機構、定期点検報告、有効期限などが消防法で規定されています。他に、漏電保護リレーを漏電火災警報器の代替として使用することは禁じられています。

分電盤や配電盤に設置する漏電保護リレーと違い、漏電火災警報器は消防法によって規定された防災設備の1つであるため、設置工事は電気工事士が行い、点検や整備は消防設備士の乙種7類免状取得者が実施しなければならないことが定められています。

図 3-5-1 （参考）自己認証規格
適合表示
((一社) 日本火災報知機工業会)

●仕組み

屋内配線の被覆が破れるなど損傷した際に、接地されている金属部と電路が接触すると、漏洩電流が大地を通じて変圧器に戻っていく漏電状態となります。大地を流れる電流は、変圧器に接続されているB種接地線を通じ、大地から変圧器に戻っていきます。

損傷のない回路では、変圧器から負荷に供給される回路の往きと戻りの電流値はほぼ同一となります。しかし、漏電が発生している場合では、電路ではなく大地を通じて変圧器に電流が戻るため、往きと戻りの電流に差が発生します。この電流差を補足し、一定以上の差が発生した場合に、大きな漏電

が発生していると検知し、警報を発します。

　ラスモルタル造の建物は、建物全体がラス（金属）によって覆われた状態になっています。そのため、漏電が発生した場合に、その漏洩電流が壁下地のラスを発熱させます。漏洩電流値が大きいほど大きな発熱につながり、長時間発熱することにより、壁内のラスに接触している構造用合板が発火するおそれがあります。

●構成

　漏電火災警報設備は、警報機の本体となる受信機と漏洩電流を検出する変流器で構成されます。

　変流器で漏電を検出し、受信機で漏電の大きさを判定し、設定値以上の漏電を検知した場合に、音響装置が警報を発します。

・変流器

　変流器は、漏洩電流による不平衡電流を補足するために設置します。警戒する電路の定格電流値以上をカバーできる性能とし、かつ点検が容易な場所に設置します。原則屋外の電線に設置されるが、屋内型と屋外型の2種類があり、また、貫通形と分割形の2種類に分類されます。

・受信機

　警戒する電路の定格電流により、1級と2級に分類されます。漏電を検出し、警報を発信する漏洩電流の設定値は、一般的に100 mA〜400 mAとされ、設定値が小さ過ぎると、頻繁な誤報の発生につながり、設定値が大きすぎると適正な保護ができないため、設定値の設定には注意が必要です。露出形と埋込形の2種類があります。また、1回線のタイプと2回線以上のタイプ（集合型）、音響装置を一体化したものとそうでないものがあるなど、種類が豊富にあるため、さまざまなことを考慮して設置することが可能です。

・音響装置

　変流器が検出した不平衡電流は火災警報器に送信され、所定の数値を超過した時点で音響装置を鳴動させます。音響装置から発信される警報により、防火対象物の関係者に漏電の発生が伝達されます。

　音響装置は、火災受信機と同様、常時人がいる部屋に設置しなければなら

ず、倉庫や機械室などに設置することはできません。

・操作用電源

　漏電火災警報器の電源は、主開閉器の一次側から専用回路で分岐し、定格20 A の配線用遮断器を設け、漏電火災警報器電源であることを表示した回路から供給することが必須になります。容易に遮断できないよう、赤色のロックキャップを取り付けておくと、より安全とされています。

図 3-5-2　ラスモルタル造

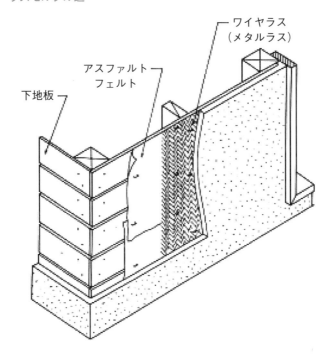

ワイヤラス
（メタルラス）

アスファルト
フェルト

下地板

3-6 非常コンセント設備

●非常コンセント設備

非常コンセント設備とは、防火対象物に火災が発生した際、消火活動を行う消防隊が有効に活動できるための専用のコンセント設備になります。

消火活動や救出活動のために使用するドリルや照明器具、排煙装置など消火活動に使用する可搬式の電気機器に、電源供給を行うための重要なコンセントとなります。

●設置基準と設置場所

消火活動が困難となる超高層建築物や大規模な地下街では、消火活動のための電源を建物側から確保を可能とするために、非常コンセントを設けなければなりません。設置基準は消防法施行令第 29 条によって定められており、原則として、地上 11 階以上の階や地下街などには設置義務が生じ、防火対象物の種類に関係なく、基準となる階数や面積などを超過した場合には設置することになります。また、設置場所は消火活動の拠点となる階段室や非常用エレベータの附室などに設置します。その際、建物全体が規定の水平距離の長さで包含されていることに注意が必要です。

非常コンセントの設置高さは、床面や階段面から 1 m～1.5 m に設置し、「非常コンセント」という表記を行い、赤色の灯火を付設して非常コンセントであることを明確にします。

非常コンセント盤は、単独設置や消火栓や補助散水栓・送水口ボックスと一体に設置します。なお、兼用する場合には非常コンセントは消火栓ボックスの上部に配置し、箱内は不燃材料で区画しなければなりません。また、非常コンセント盤の扉と消火栓ボックスの扉は、別々に開閉できるものとします。表示灯は兼用可能ですが、表示灯は自動火災報知設備の表示灯回路で、通電ランプは非常コンセント回路の 100 V 電源となります。そのため、表示灯点灯の確認が 100 V 電源の送電とならないため、注意が必要です。

●構成と性能の規定

　非常コンセント盤は、W400×H500×D140 程度の小型の盤で構成されます。コンセント本体は接地形2極コンセントで、単相交流 100 V 15 A が基本となり、コンセント近傍には脱落防止フックを設けられ、消火・救出活動に伴う張力に対して容易に抜けないようになっています。なお、専用の非常コンセント用の幹線から、各階で非常コンセント盤が分岐する場合は、非常コンセント盤内に分岐用の配線用遮断器を設ける必要があります。

　階毎に非常コンセントが1個であれば1回路、それ以外の場合は各階に2回路以上を敷設する必要があります。また、1回路に設置できるコンセントの数は 10 個までとし、20 階を超える大規模な防火対象物では、非常コンセント用として複数回路を計画する必要があります。

　非常コンセントからの供給電源は、火災時や停電時でも利用可能なように、非常用発電機などを主体とした非常電源としなければなりません。その非常電源としては、非常電源専用受電設備、非常用発電機、蓄電池設備などがあります。非常電源は、30 分以上有効に電力供給ができる性能が求められているため、屋内消火栓設備やスプリンクラー設備のために非常用発電機が設けられていれば、活用することができます。

　他にも、非常コンセント盤には D 種接地工事を施すこと、非常コンセントの電源は漏電遮断器で保護しないこと、電圧降下は 2% 以内にするなど、消防法によって詳細に定められています。これらの規制事項は、各自治体が定めている火災予防条例によって補足され、厳しい制限や特殊な仕様としなければならない可能性があり、管轄内の火災予防条例に従う必要があります。

図 3-6-1

非常コンセント

放水口・放水器具格納箱
（非常コンセント付）

誘導灯と誘導標識

●設置の目的

　誘導灯も誘導標識も、火災時の避難すべき方向を在館者に示すことで、迅速に避難してもらうためのものです。火災時には、火炎や煙で視界が悪くなったり、停電していたり、あるいはパニックで避難方向がわからなくなるような状況が想定されますので、そのような状況でも避難すべき方向がすぐわかるように、誘導灯や誘導標識を設置します。また、不特定多数が利用する施設では、在館者が避難経路を把握していない場合が多いので、誘導灯と誘導標識の必要性はより高くなります。

●誘導灯と誘導標識の違い

　誘導灯は避難方向を示す照明器具です。対して誘導標識はあくまで標識で、ステッカーのようなものを壁面などに貼り付けます。

　誘導灯は照明器具ですので明るく目立ちます。そのため、誘導灯の設置が必要な防火対象物の部分であれば、基本的には誘導灯を設けます。誘導標識は誘導灯を部分的に補足したり、誘導灯の設置が免除される部分に代わりに設置したりします。

●種類と区分

　誘導灯も誘導標識も表示内容などによっていくつかの種類に分類されます（図3-7-1）。まず、表示内容については、避難口の位置を示す「避難口誘導灯（避難口誘導標識）」と、避難口の方向を示す「通路誘導灯（通路誘導標識）」に分類できます。避難口誘導灯（誘導標識）は緑地に白絵文字で通路誘導灯（誘導標識）は白地に緑絵文字です（図3-7-2）。

　また、誘導灯については表示面の縦寸法によってA級、B級、C級に分類されます。寸法の大きいA級のものほど遠くからも認識できるため、有効な距離が長くなります（なお、有効距離は避難方向を示すシンボルの有無

によって変わりますし、上記等級のサイズと合致しない場合はそのサイズから有効距離を算定することもできます）。設置例を図 3-7-3 に示しました。

　さらには点滅機能や音声誘導機能が付いているものもあります。また、映画館や劇場に設ける客席誘導灯もあります。誘導標識については、前述の分類の他、通常の誘導標識と蓄光式誘導標識があり、蓄光式は中輝度蓄光式と高輝度蓄光式があります。

図 3-7-1　誘導灯と誘導標識の分類

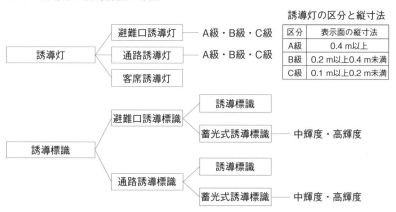

図 3-7-2　避難口誘導灯と通路誘導灯と客席誘導灯

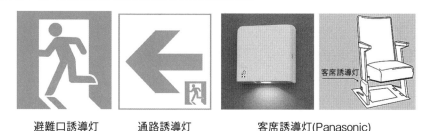

図 3-7-3　誘導灯と誘導標識の設置例

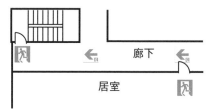

・避難出口には 🏃（避難口誘導灯）を設ける
・曲がり角や交差部には ⬅（通路誘導灯）を設ける
・通路の各部が通路誘導灯の有効範囲に包含されるように ⬅（通路誘導灯）を配置する

3 -8 避難器具① 設置目的と基準

●避難器具の目的

　火災が起きて、地上（通常は１階のことです）まで避難しようと思ったとき、どのように避難しますか。節のタイトルにつられて「避難器具」などと思わないでください。普通は地上までの階段がありますので、まずは階段で避難することを考えます。では、避難器具はどういった場合に使うのでしょうか。それは、火災の影響ですでに階段そのものや階段までの経路が使えないような場合です。火災がかなり進展するまで火災に気づくことができず、逃げ遅れてしまい、避難し始めた頃には避難経路が炎や煙で汚染されてしまっている、という状況で次なる手段として避難器具の使用を考えてください。

　しかし、避難器具は普段使用しないため、いざというときに使い方がわからないという状況になりやすいです。そうならないよう、事前に使用方法を理解するとともに、訓練などで実際に使ってみることが望ましいです。特に避難器具の中には、使用の際に危険を伴うものもあり、使用方法を誤ると二次災害につながりかねないので、注意が必要です。

●避難器具の設置基準と設置可能な器具の種類

　避難器具は消防法の中で基準が定められており、指定された防火対象物（詳細は5-2節（防火対象物の防火管理業務）参照）の地上の階（避難階）以外の階に設ける必要があります。対象となる防火対象物は、病院や福祉施設などの避難困難者がいる施設や、ホテルや共同住宅など就寝用途で火災覚知が遅れる可能性がある施設、百貨店や飲食店舗など不特定多数が利用する施設などです。また、地上に至る直通階段が１つしかないような施設でも避難器具を設ける必要があります。

　また、防火対象物の種類や階によって設置可能な避難器具が異なります。避難器具は大きく、滑り台、避難はしご、救助袋、緩降機、避難橋、滑り棒、避難ロープ、避難用タラップの８種類があります（表3-8-1）。

表 3-8-1　避難器具の設置基準と設置可能な器具の種類

防火対象物※ ＼ 階	地階	2 階	3 階	4 階・5 階	6 階以上の階
病院 福祉施設 幼稚園など	避難はしご 避難用タラップ	滑り台 避難はしご 救助袋 緩降機 避難橋 避難用タラップ	滑り台 救助袋 緩降機 避難橋	滑り台 救助袋 緩降機 避難橋	滑り台 救助袋 避難橋
ホテル 共同住宅 劇場 遊技場 飲食店 百貨店 学校 図書館 公衆浴場 など		滑り台 避難はしご 救助袋 緩降機 避難橋 滑り棒 避難ロープ 避難用タラップ	滑り台 避難はしご 救助袋 緩降機 避難橋 避難用タラップ	滑り台 避難はしご 救助袋 緩降機 避難橋	滑り台 避難はしご 救助袋 緩降機 避難橋
工場 スタジオ 事務所など		不要			
上記の他、 直通階段が 2 つ以上設 けられてい ない階	不要	滑り台 避難はしご 救助袋 緩降機 避難橋 滑り棒 避難ロープ 避難用タラップ			
※　避難器具設置の対象となる防火対象物は既定の収容人員を超える施設					

3・消火の基本と設備

65

●滑り台

滑り台は文字どおり、滑って高い所から低い所に下りるためのものです。使用時の安全性が高く、子どもからお年寄りまで使用が可能です。滑り台は直線状のタイプと螺旋状のタイプがあります（図 3-9-1）。有効幅や勾配、手摺の高さなどが規定されています。

●避難はしご

避難はしごは、吊下げはしご、固定はしご、立てかけはしごの 3 タイプがあります。また、材質によってさらに金属製と金属製以外に分類できます。4 階以上の階に設ける場合は、バルコニーを設けたうえで、金属製のものを使用します。はしごは縦棒（ロープ）と横桟、吊下げはしごについては吊下げ具によって構成され、縦棒や横桟の間隔などが規定されています。

吊下げはしごは折りたたんで保管箱に収納されます。使用時は手すりや窓枠、バルコニーの腰壁などに固定します。降りる際に横桟に足をかけやすいようにするため、突子が設けられており、壁から 10 cm 以上離れるような構造になっています（図 3-9-2）。

固定はしごは建物の柱や床その他堅固な部分に取り付けたもので、吊下げはしごと比較すると、使用時の安定性が高いです（図 3-9-2）。ただし、いつでも使用できてしまうため防犯上の問題もあります。立てかけはしごは文字どおり建物に立てかけて使うはしごのことです。滑り止めなどの措置を講じる必要があります。

●緩降機

緩降機は使用者が他人の力を借りずに自重により自動的に連続交互に降下することができる機構を有するものです（図 3-9-3）。着用具を体に固定してロープを持った状態で降下します。このとき調速器によって降下速度が一定

図 3-9-1　滑り台

直線状のすべり台（ORIRO）　　　　螺旋状のすべり台（山陽建工）

図 3-9-2　避難はしご

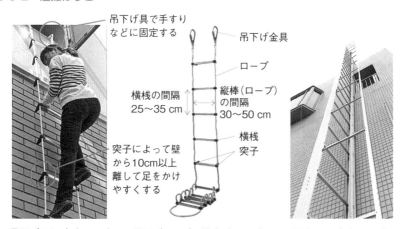

吊下げ具で手すり
などに固定する

吊下げ金具

ロープ

横桟の間隔
25〜35 cm

縦棒（ロープ）
の間隔
30〜50 cm

横桟
突子

突子によって壁
から10cm以上
離して足をかけ
やすくする

吊下げはしご（TITAN）　　吊下げはしごの構成（TITAN）　　固定はしご（ORIRO）

図 3-9-3　緩降機

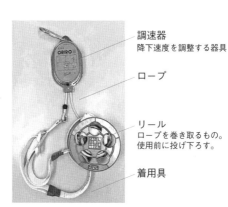

調速器
降下速度を調整する器具

ロープ

リール
ロープを巻き取るもの。
使用前に投げ下ろす。

着用具

緩降機（ORIRO）　　　　緩降機の構成（ORIRO）

範囲内に調整されるため安全に降りられるようになっています。

●救助袋

　救助袋は、使用の際、垂直または斜めに展張し、袋本体の内部を滑り降りるもので、垂直式と斜降式があります（図3-9-4）。滑り台同様、使用時の安全性が比較的高い器具です。垂直式は斜降式より省スペースで済みます。垂直式といっても決して垂直に落下するわけではなく、袋内部が螺旋状になっているため、ゆっくり安全に降下することができます。

　救助袋は入口金具、袋本体、緩衝装置、取手及び下部支持装置などによって構成されます。迅速かつ安全に使用するため、寸法や速度についての規定が設けられています。

●避難ロープ

　避難ロープは、上端部を固定し吊下げたロープを使用し降下するものです（図3-9-5）。降下の際に危険を伴うため、2階でのみ適用可能です。また、病院や福祉施設では2階でも適用不可です。

　避難ロープはロープ部と吊下げ具により構成されます。ロープはその太さや強度についての規定があります。使用の際にゆっくり降下できるよう、滑り止めのための結び目などがあります。

●滑り棒

　滑り棒は、垂直に固定した棒を滑り降りるものです（図3-9-6）。避難ロープ同様、降下の際に危険を伴うため、2階でのみ適用可能です。また、病院や福祉施設では2階でも適用不可です。

　かつて消防署などでは出動時に滑り棒で降下していましたが、現在では使用されていません。昔は滑り棒で降りたほうが早く出動できると考えられていましたが、滑り棒の場合は1人ずつしか降りられないため、結果的には階段で下りたほうが早いことがわかりました。加えて安全面の問題もあり、滑り棒は姿を消してしまったようです。

図 3-9-4　救助袋

垂直式救助袋（タカオカ）

斜降式救助袋（ORIRO）

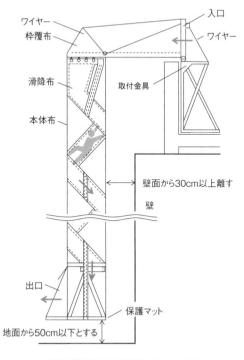

ワイヤー
入口
枠覆布
ワイヤー
滑降布
取付金具
本体布
壁面から30cm以上離す
壁
出口
保護マット
地面から50cm以下とする

垂直式救助袋の構造例（タカオカ）

図 3-9-5　避難ロープ（TITAN）

吊下げ金具

すべり止め

図 3-9-6　滑り棒

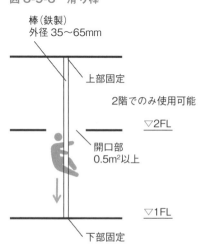

棒（鉄製）
外径 35〜65mm

上部固定

2階でのみ使用可能

▽2FL

開口部
0.5m²以上

▽1FL

下部固定

●避難橋

　避難橋は、建築物相互を連絡する橋のことです（図3-9-7）。他の避難器具と異なり、地上に避難するためというよりは、安全な隣の建物にいったん避難して、必要であればその後階段などで地上を目指すことになります。使用時の危険性が低いため、いずれの階、防火対象物においても適用可能です。一方、接続する双方の建物所有者の協力が必要であるとともに、建物の構造や高さ関係などによって設置可否が決まり、設置のハードルは高めです。

　避難橋は両端が常時固定された固定式と、使用時のみ架設する移動式があります。また、避難橋は橋桁、床板、手すりなどによって構成され、それぞれについて使用時の安全性を確保するための寸法などの規定があります。

●避難用タラップ

　避難用タラップは、階段状のもので、使用の際、手すりを用いるものです（図3-9-8）。いわゆる鉄製の階段のことではしご状のものは含みません。3階以下の階では使用することができますが、病院や福祉施設では2階か地階に限られます。

　避難用タラップは、踏板、手すりなどにより構成され、踏面や蹴上寸法、手すりの高さや手すり子の間隔などが規定されています。使用時以外にタラップ下端を持ち上げた状態にしておく半固定式のものもあります（図3-9-8）。

図 3-9-7　避難橋

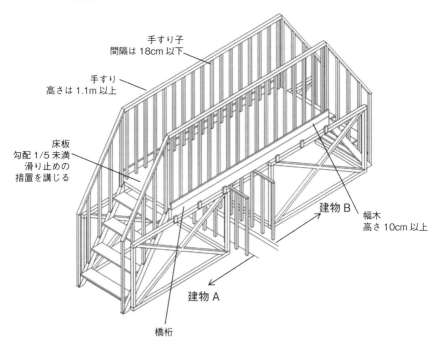

手すり子
間隔は 18cm 以下

手すり
高さは 1.1m 以上

床板
勾配 1/5 未満
滑り止めの
措置を講じる

建物 B

幅木
高さ 10cm 以上

建物 A

橋桁

図 3-9-8　避難用タラップ

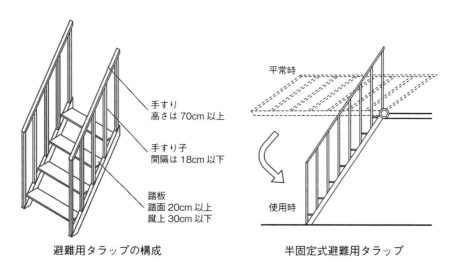

手すり
高さは 70cm 以上

手すり子
間隔は 18cm 以下

踏板
踏面 20cm 以上
蹴上 30cm 以下

避難用タラップの構成

平常時

使用時

半固定式避難用タラップ

3 -10 煙制御システム

●機械排煙

　煙制御は 2-7 節（煙制御）にて目的や種類を紹介しました。ここでは、**煙制御システム**の方式について紹介します。早速ですが、まずは機械排煙についてです。機械排煙は、機械力によって煙を強制的に排出する方式です。排煙機、ダクト、排煙口、手動開放装置などによって構成されます（図 3-10-1）。手動開放装置の作動か煙感知器の発報により、排煙口が開放するとともに排煙機が動き始めます。これにより煙が排煙口からダクトを通って外部に

図 3-10-1　機械排煙の構成

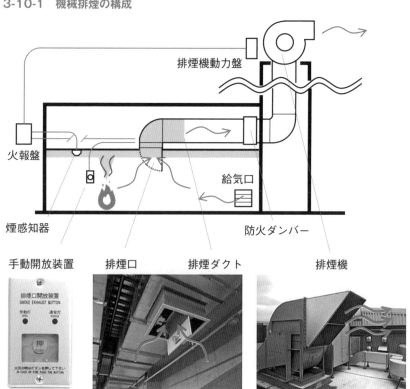

排出されます。事務所ビルなどでは、間仕切り変更に対応しやすいよう、天井裏に設けた排煙口（集煙口）から煙を吸う天井チャンバー方式が採用されるケースもしばしばみられます。排煙機の容量は防煙区画面積に応じて設定されます（ただし付室や乗降ロビーでは必要風量によって規定されます）。

　以下に機械排煙方式のメリットとデメリットを示します。

　メリット：風などの外的な影響を受けず性能が安定する、外部に面していなくても設置可能、室間の差圧を計画的に設定することで遮煙効果を期待できる。

　デメリット：機械の信頼性を高めるための維持管理が必要、火災盛期では機械が停止するため火災初期のみ有効、ダクトのルートや納まりの検討が必要、給気がないと扉の開閉障害を起こす場合がある。

●自然排煙

　自然排煙は、空間上部に設けた窓などから煙を排出する方式です。高温の煙が浮力で上昇する性質を利用した方式です。排煙口と手動開放装置などで構成されます（図3-10-2）。排煙口の面積は防煙区画面積に応じて設定されます（こちらも付室と乗降ロビーでは排煙口の面積が規定されています）。

　以下に自然排煙方式のメリットとデメリットを示します。

　メリット：電源が不要、火災盛期でも機能を維持できる、日常の換気窓と併用可能、天井が高いと効率が上がる。

　デメリット：外部に面していないと設置できない、外部の風の影響を受ける、高層建物の低層部では煙突効果で排煙口から外気が流入する。

図 3-10-2　自然排煙の構成

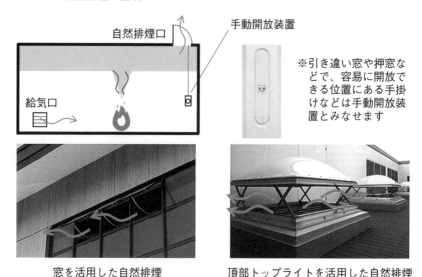

窓を活用した自然排煙　　　　頂部トップライトを活用した自然排煙

●加圧防排煙

　加圧防排煙は機械で空気を給気して遮煙を行う方式です。廊下などの避難経路で採用することで、火災室との間に圧力差が生まれ、火災室の煙が避難経路に漏れ出てくることを防止できます。廊下や付室などで機械排煙方式を採用した場合に、出火室から廊下側に煙を呼ぶ込む可能性があり、かえって危険な場合があるため、避難経路においてはそもそも煙が侵入しないような煙制御が望ましいという考え方から導入されています。一方で新鮮な空気を給気するため、出火室で採用すると火勢を強める危険性があることから、附室や階段で採用されることが多い方式です。

　加圧防排煙は給気のための送風機、給気口、空気逃し口、圧力調整装置などによって構成されます。空気逃し口は遮煙のために必要な差圧を確保するために設ける自然排煙口や機械排煙口で、圧力調整装置は扉の開閉障害を防止するために設けます。

　以下に加圧防排煙方式のメリットとデメリットを示します。

図 3-10-3　加圧防排煙の構成

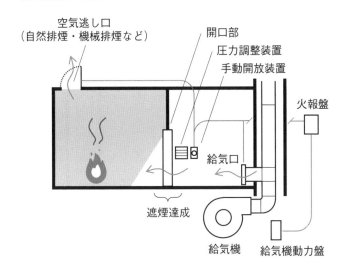

メリット：出火室からの煙拡散を防止できる、長時間性能を維持できる。

デメリット：圧力バランスを誤ると逆に竪穴などに煙を押し込む可能性がある、扉の開閉障害を防止するための圧力調整が必要、新鮮空気の給気により火勢を助長するため出火する室には使用不可。

●押出排煙

空間上部に自然排煙口を設け、機械給気を行うことで煙を排出する方式です。自然排煙方式と加圧防排煙を組み合わせたような手法で、2000年の建築基準法の改正により導入された比較的新しいシステムです。加圧防排煙と同様で新鮮空気を給気するため、出火室ではなく附室や乗降ロビーで採用するのが一般的です。

以下に押出排煙方式のメリットとデメリットを示します。

メリット：機械力で給気するため排煙口の面積が小さくても必要な排煙量を確保可能、新鮮空気を給気するため消防活動がしやすくなる。

デメリット：新鮮空気の給気により火勢を助長するため出火する室には使用不可、排煙口は直接外気に面する必要がある。

図 3-10-4　押出排煙の構成

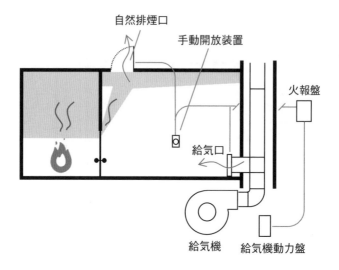

自然排煙口

手動開放装置

火報盤

給気口

給気機　給気機動力盤

第4章

消火の基本と設備

　人と建物を守る「建物の消防の用に供する設備」には、消火設備、警報設備、避難設備があります。

　本章では、火災の発生により作動し、消火を行う消火設備のしくみと種類、それぞれの役割を理解しましょう。

　なお、消火設備の施工にあたっては消防設備士という資格が必要になります。

4-1 消火のしくみ

　第1章で燃焼や消火について述べました。本章では、消火を実行する設備である消火設備について説明します。そこで、消火設備を理解するうえで、消火とは何かを理解することが大事ですので、もう一度確認することにします。

●消火とは？

　消火とは、「燃焼の4要素のどれか1つをなくすこと」です。火を消す、つまりは、燃焼している状態を止めることになります。燃焼については、第1章に述べましたが、燃焼を止めるということは、燃焼の状態を構成する要素の1つでも排除することが止めることにつながります。

●消火の要素

　燃焼には第1章で示されたように、4つの要素がありました。それに対して、それぞれの要素に対応した消火の方法として、除去消火、窒息消火、冷却消火、**抑制消火**がありました。

　消火設備は上記の消火の方法を活用し、組み合わせたりすることで、消火を行う設備になります（表4-1-1）。

　冷却消火は火源の温度を下げる消火方法で、主な設備には屋内消火栓設備、スプリンクラー設備などがあります。

　また、窒息消火は酸素の供給を止める消火方法で、主な設備にはガス消火設備などがあります。

　抑制消火は燃焼反応を起こしにくくする消火方法で、冷却消火や窒息消火と組み合わせ、主な設備としてガス消火設備や泡消火設備、粉末消火設備などがあります。

表 4-1-1　消火方法

燃焼の3要素	消火方法の種類	消火方法／代表的な消火設備
エネルギー	冷却消火	火源の温度を下げる消火方法 ・屋内消火栓設備(4-8節) ・スプリンクラー設備(4-9節) ・水噴霧消火設備(4-5節) ・泡消火設備(4-5節)
酸素	窒息消火	酸素の供給をとめる消火方法 ・不活性ガス消火設備(4-4節) ・ハロゲン化物消火設備(4-4節) ・粉末消火設備(4-6節)
可燃物	除去消火	可燃物をなくす消火方法
化学反応	抑制消火	燃焼反応を起こしにくくする消火方法 ・泡消火設備(4-5節) ・不活性ガス消火設備(4-4節) ・ハロゲン化物消火設備(4-4節) ・粉末消火設備(4-6節)

　火災が発生した際には、それぞれの消火の要素に適応した消火設備が必要になり、目的や用途など背景を考慮した消火設備の洗濯が必要になります。

消火剤の種類

●火災の種類

火災は発生の原因によって、大きく分けて3種類に分類されます。木材、紙などの一般可燃物による火災を**普通火災**、可燃性液体・油脂類が燃える火災を**油火災**、感電のおそれがある電気施設での火災を**電気火災**と呼び、それぞれは A 火災、B 火災、C 火災と略した表現をされることがあります

●消火剤の種類 ＜水、強化液、泡、ガス、粉末＞

消火剤は、大きく分けて、「水、強化液、泡、ガス、粉末」の5つに分類されます。消火剤は普通火災（A 火災）、油火災（B 火災）、電気火災（C 火災）それぞれの火災の原因の性質に合わせて、使用するものが異なってきます。消火剤の特徴を知ることが、消火に有効な効果を学ぶ上で重要になります。

●水消火剤の種類

水消火剤は、比熱と蒸発熱が大きいため、高い冷却効果が期待できます。

A 火災に使用することができます。しかし、B 火災の場合、燃えている油が水に浮き、炎を拡大させてしまう危険があるので適しません。また、C 火災の場合には、感電の危険性があるため棒状放射は適しませんが、霧状放射にすれば適応できます。

なお、無機過酸化物や硫化りん、鉄粉といった水に触れると発火する物質や可燃性ガスや有毒ガスを発生させる物質には使用することができません。

●強化液消火剤の種類

強化液消火剤は、炭酸カリウム水溶液で冷却効果があります。霧状放射にすることで、炭酸カリウムの抑制効果が働くため、A 火災だけでなくB 火災の場合に適応できます。さらに、C 火災の場合にも対応します。

●泡消火剤の種類

　泡消火剤は、冷却効果と燃焼物を覆うことによって生じる窒息効果によって消火します。C火災の場合は、泡に電気が伝わって感電する危険性があるため、使用できません。泡消火剤には、大きく分けて2種類あります。

　化学泡：炭酸水素ナトリウムと硫酸アルミニウムの反応によって生じた二酸化炭素を含んだ泡です。
　機械泡：水に安定化剤を溶かして、空気と混合してつくった泡です。

図4-2-1　消火剤の分類図

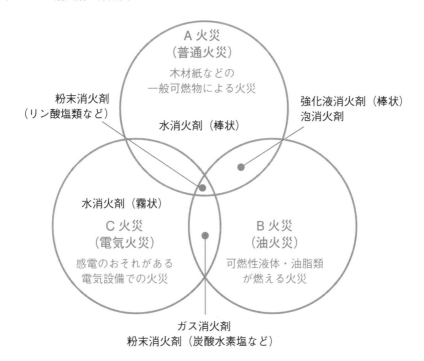

●ガス消火剤の種類

　ガス消火剤は、泡消火剤と同様に燃焼物を覆うことによって生じる窒息効果によって消火し、ハロゲン化物消火剤には抑制効果もあります。火災に対しては、B火災とC火災に対応することができます。

・二酸化炭素

　不燃性物質である二酸化炭素で酸素濃度を低下させるため、窒息効果が生じます。二酸化炭素は電気の不良導体のため、C火災の場合にも適応できます。ただし、人が多量に吸い込むと窒息する危険性があるため、地下街など多数の人が在中し、密室に近い場所では使用できません。なお、液化された二酸化炭素が使用されているため、気化熱による冷却効果もあります。

・ハロゲン化物

　ハロン2402、ハロン1211、ハロン1301を用います。窒息効果と抑制効果（負触媒効果）があります。電気の不良導体なのでC火災の場合にも適応できます。ただし、黄りん、アルミニウム粉や亜鉛粉ハロゲン化物といった、ハロゲン化物に触れると自然発火する物質や有毒ガスを発生させる物質など反応を示す物質には適用できないため、注意が必要です。

●粉末消火剤の種類

　粉末消火剤は、薬剤による窒息効果と抑制効果によって消火します。

・炭酸水素塩など

　炭酸水素ナトリウムを主成分としたもの（Na）、炭酸水素カリウムを主成分としたもの（K）、炭酸水素カリウムと尿素を主成分としたもの（KU）があります。消火作用としては、窒息効果と抑制効果があります。なお、この薬剤を用いた消火器は、B火災、C火災に対応できるため、**BC消火器**といいます。

・リン酸塩類など

　主成分は、リン酸アンモニウム。窒息効果と抑制効果があります。薬剤が電気の不良導体なのでC火災の場合にも対応します。この薬剤を用いた消

火器は、A火災、B火災、C火災のすべてに対応できるため、**ABC消火器**といいます。

図4-2-2　消火剤の種類（例：消火器の分類）

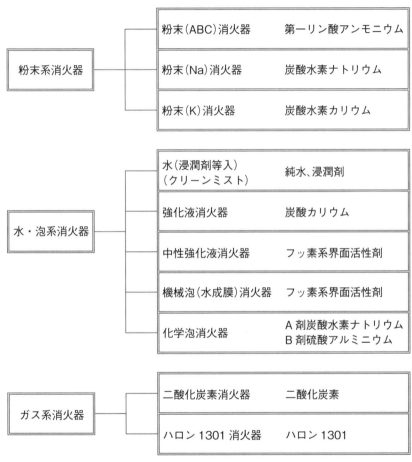

（データ提供　モリタ宮田工業(株)）

4-3 除去消火

●除去消火とは

除去消火とは、可燃物を取り除くことにより消火する方法です。この消火方法は、消火剤を必要とせずに消火を行います。

例えば、ガスの元栓を閉めて、ガスの供給を止めることで火を消すことやロウソクの火に風をあてて、可燃物質となるロウの蒸気を除去するといったことになります。

●特殊な除去消火

山林や油田など広範囲に可燃物がある場合、火災の原因となる可燃物を大規模に除去することが必要になります。

例えば、森林火災時では、木を伐採し、燃え広がるのを防ぎます。また、密集する木造住宅内にて火災が発生している建物の周囲の住宅を破壊し、燃え広がるのを防ぐことも、除去消火の方法の1つになります。そのように火災の発生している建物の周囲を破壊して延焼を防ぐ方法は、主に江戸時代の火消しによって行われていました。

油田火災の場合、通常の可燃性液体の火災では発生した可燃性蒸気を除去することは、状況的に無理です。しかし、油田のような場所では、可燃性液体は次々とわき上がってくるために可燃性液体自体の除去は不可能です。そのため、油田にクレーンでフタをする方法や、リリーフウェル（救助井）を新たに掘削して水や薬剤を大量注入する方法があります。また、油田火災が大規模に屋外にまで拡大した場合は、施設をいったん放棄してダイナマイトなど爆発物の爆風によって可燃性蒸気を吹き飛ばして、火勢の強い火炎を瞬間的に消火することがあります。

液体が燃えているときに、液体を違う液体で薄めて可燃性蒸気の発生を抑制するのも除去消火法であり、**希釈消火法**といいます。

図 4-3-1　除去消火の概念図

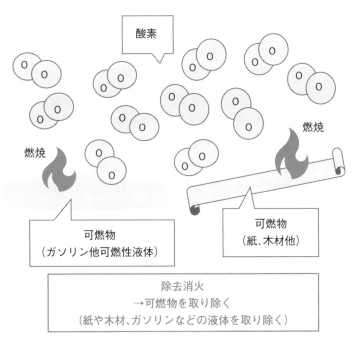

除去消火
→可燃物を取り除く
（紙や木材、ガソリンなどの液体を取り除く）

図 4-3-2　特殊な除去消火

油田火災

江戸時代の消火活動

4 -4 窒息消火

●窒息消火とは

　窒息消火とは、消火剤で燃焼物を覆い、酸素供給体を遮断することで、消火します。用いられる消火剤としては、不燃性の泡消火剤、二酸化炭素やハロゲン化合物のガス消火剤、炭酸水素塩やリン酸塩類の粉末消火剤が用いられます。

●窒息消火を用いた消火設備

　窒息消火を用いる消火設備には、不活性ガス消火設備、ハロゲン化物消火設備、粉末消火設備などがあります。主に、水を用いての消火が困難なボイラ室、電気室、通信機室、駐車場、美術館や収蔵庫などに設置されます。その際、ガスの放出による内部圧力上昇を防止する避圧開口の設置や、放出後の燃焼ガスの排気方法など規定があります。また、窒息効果をもたらす設備であるため、人にとっても窒息する危険性があります。作動時はもちろん作動後にも室内はガスが充満しているため、不用意の入室は避けなければなりません。

・不活性ガス消火設備

　二酸化炭素、窒素、IG55（窒素とアルゴンの等量混合物）IG541（窒素とアルゴンと二酸化炭素の容量比 52：40：8 の混合物）が用いられます。

・ハロゲン化物消火設備

　ハロン 2402、ハロン 1211、ハロン 1301 などが用いられますが、大気に開放されるとオゾン層を破壊する問題があるため、現在は製造中止となっています。ただし、ハロンバンクにより、既存ハロゲン化物の回収再利用が行われ、特殊な用途の場合にのみ、用いられることができます（クリティカルユース）。

　また、代替として、HFC-23（トリフルオロメタン）、HFC-227ea（ヘプタ

フルオロプロパン）、FK-5-1-12（ドデカフルオロ2メチルペンタン3オン）などハロンに代わるものが開発され、消火剤として用いられています。

図 4-4-1　ハロン消火設備参考系統図

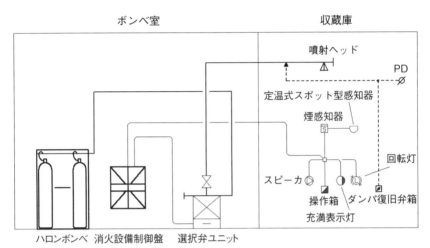

（データ提供　日本ドライケミカル(株)）

図 4-4-2　噴射ヘッド写真

壁付け

天井付け

（データ提供　ニッタン(株)）

4-5 冷却消火

●冷却消火とは

　主に、出火源に水をかけることで、熱源から熱を奪い、発火点以下に下げることで消火を行います。

・屋内消火栓設備

　屋内消火栓設備は、火災の初期消火を目的としたもので、人が操作して使用する設備です。詳しくは4章（消火栓＜消火活動に必要な水を供給する設備）で説明します。

・スプリンクラー消火設備

　スプリンクラー設備は、火災を早期に感知し、自動的に消火する設備です。詳しくは4章（スプリンクラー設備＜建物の天井に取り付ける自動散水装置）で説明します。

・水噴霧消火設備

　水噴霧消火設備は、スプリンクラー設備と似たような設備で、特殊な水噴霧ヘッドを使って微細な水滴を噴霧します。噴霧された水滴が蒸発し気化熱を奪う冷却作用による消火に加え、水蒸気の幕で火を覆うことによる窒息作用で消火します。この設備は、油火災にも有効で、油の表面を覆い、エマルジョン効果により油の気化を抑えたる窒息消火を行います。

・泡消火設備

　泡消火設備は、水と泡消火剤を一定の割合で混合し、フォームヘッドから空気を混合して泡を放射します。泡に含まれる水分により冷却作用をもたらす消火設備ですが、泡ヘッドや泡ノズルなどから空気泡を放射し、燃焼表面を泡で覆うことによる窒息作用を加えることでより確かな消火を行います。

　この設備は、可燃性液体類などの消火に有効であり、駐車場や格納庫、危険物を扱う施設などの消火に使われます。ただし、泡に含まれる水分を伝って感電する危険があるため、電気火災には使用することができません。

図 4-5-1　泡消火設備参考系統図

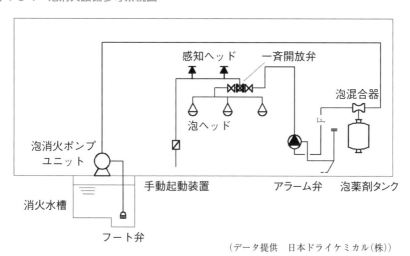

（データ提供　日本ドライケミカル（株））

図 4-5-2　水噴霧消火設備のノズルと泡消火設備のヘッド

水噴霧ノズル	泡消火設備ヘッド		
	フォームヘッド	閉鎖型泡水溶液ヘッド	開放型泡水溶液ヘッド
		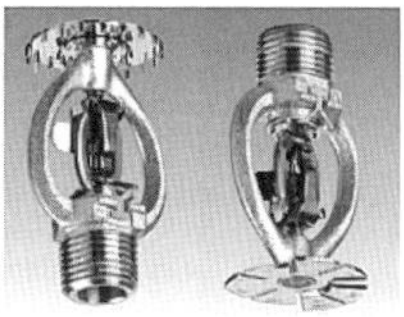	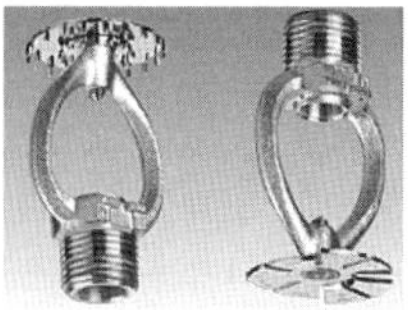

（データ提供　ニッタン（株））

抑制消火

●抑制消火とは

抑制消火は、負触媒方法といわれることもあり、熱源の燃焼が拡大していく際に発生する物質の連鎖的な化学反応を別の物質と反応させることで拡大を止め、消火を行います。

・強化液

強化液は、霧状に散布することで、炭酸カリウムの働きによって抑制効果が得られ、さらに消火後においては再燃防止効果があります。ただし、棒状での散布では、抑制効果が弱くなってしまいます。強化液には、アルカリ金属塩である炭酸カリウムの水溶液を用いているため、油火災や電気火災には適さなくなってしまいますが、冷却効果を得ることができます。

・泡消火設備

4-5節（冷却消火）でも説明しましたが、泡消火剤は冷却効果と窒息効果が得られる消火剤になります。泡は流動性により被覆を行うことで、可燃性蒸気の蒸発による抑制効果が生じます。

・ガス消火設備

4-4節（窒息消火）にもありましたガス消火設備のうち、不活性ガス消火設設備には、ハロゲン化物が化学反応を起こすことで、燃焼の拡大を抑制し、消火します。

・粉末消火設備

粉末消火設備に用いる粉末消火剤は、主成分が炭酸水素ナトリウム、炭酸水素カリウム、リン酸塩類、炭酸水素カリウムと尿素の反応物の4種類があります。そのため、窒息効果に加えて、燃焼反応を起こしにくくする抑制効果が得ることができます。

図 4-6-1　粉末消火設備参考系統図

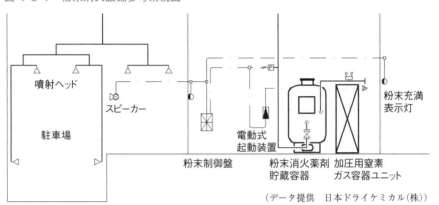

噴射ヘッド

スピーカー

駐車場

粉末制御盤

電動式
起動装置

粉末消火薬剤
貯蔵容器

加圧用窒素
ガス容器ユニット

粉末充満
表示灯

（データ提供　日本ドライケミカル(株)）

図 4-6-2　ヘッド写真

K 型　　　　　　　NW 型　　　　　　V 型　　　　　　SI 型

（データ提供　日本ドライケミカル(株)）

4-7 消火器

　建物利用者が自身で行う初期消火の設備です。4章（消火剤の種類）でも説明しましたが、火災には木材、紙などの一般可燃物による火災である普通火災、可燃性液体・油脂類が燃える火災である油火災、感電のおそれがある電気施設での火災である電気火災があり、それぞれを**A火災**、**B火災**、**C火災**と表現します。消火器にも各火災に有効な消火器があり、A型、B型、C型で表記され、消火剤の容量などで、消火能力単位が決まっています。その他泡消火器、CO_2 消火器などもあります。用途は、住宅用と住宅用以外に分類され、それぞれに交換式・据置式があります。

・住宅用消火器

　住宅での使用に適した構造・性能を有する消火器で、蓄圧式で再充てんできないものとされています。また、電気火災に対応するものでなければならず、下記の火災に対応できるように性能が決められています。

① A火災に対する消火性能

② B火災に相当する天ぷら油火災（住宅で使用する天ぷら鍋内の油が発火することによって生じる火災）に対する消火性能

③ B火災に相当するストーブ火災（住宅で使用する石油ストーブの灯油に引火することによって生じる火災）に対する消火性能

　また、住宅用消火器に充てんされる消火剤はハロゲン化物消火薬剤や液化二酸化炭素以外のものであることや据置式のホースの長さは5m以上であること、使用方法など多くの規定が決められています。

・住宅用以外消火器

　住宅用以外消火器の場合は、加圧式と蓄圧式があり、据置式のホースの長さは10m以上で重量は35kg以下であることとされています。

図 4-7-1　適応火災表示マーク（(上)：業務用消火器 (下)：住宅用消火器)

A 火災（普通火災）適応　　　　B 火災（油火災）適応　　　　　C 火災（電気火災）適応

普通火災適応　　　　　天ぷら油火災適応　　　　ストーブ火災適応　　　　電気火災適応

図 4-7-2　消火器の種類（業務用）

粉末 （ABC）蓄 圧式	大型 消火器 （車載式）	大型 消火器 （固定式）	粉末（KU） 蓄圧式	強化液 （中性）	水（浸潤剤 等入り）	機械泡（水成膜） 蓄圧式	
化学泡			二酸化炭素式			金属火災用放射器	

（データ提供　ヤマトプロテック(株)）

●加圧式と蓄圧式

　消火器の構造は、使用時に消火器内に充填されている消火剤の放出方式の違いがあります。分類としては、加圧式と蓄圧式の2種類の方式に分類されています。

・加圧方式（加圧式消火器）

　加圧式消火器は、使用する際、加圧用ガス容器などを作動させ、それにより生ずる圧力によって消火剤を放出するものになります。消火器の容器内に高圧ガス（炭酸ガスまたは窒素）を充てんした加圧用ガス容器が取り付けられており、レバーを握ることによって切り矢（カッター）で加圧用ガス容器の封板を破ることにより、ガス導入管を通じてガスを容器内に放出させ、その圧力を利用して消火剤を撹拌し、サイホン管、ホース、ノズルを通じて放射します（図4-7-4）。

・蓄圧方式（蓄圧式消火器）

　蓄圧式消火器は、あらかじめ容器内に圧縮された空気、窒素ガスなどを入れておき、その圧力により消火剤を放射するものです。

　消火器の容器内に圧縮ガス（窒素＋ヘリウムガス）が充圧されており、レバーを握ることによってバルブが開き、ガスの圧力を利用して消火剤をサイホン管、ホース、ノズルを通じて放射します（図4-7-5）。この消火器には、容器内の圧力が常に適正に保たれているかどうかを確認するための指示圧力計が取り付けられています。指示圧力計の指針が緑色範囲内を示していれば有効に使用できます。

図 4-7-3　消火器の種類（住宅用）

粉末（ABC）蓄圧式

強化液（中性）

天ぷら油消火用

（データ提供　ヤマトプロテック(株)）

94

図 4-7-4　加圧式消火器の構造

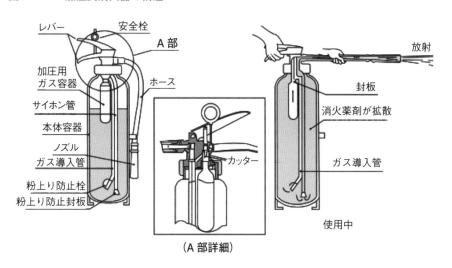

図 4-7-5　蓄圧式消火器の構造

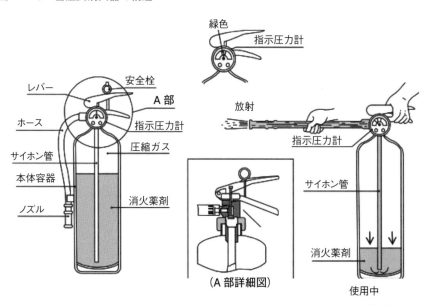

（データ提供　日本消防検定協会）

4-8 消火栓

　消火栓は、建物利用者が自身で行う初期消火の設備です。廊下などの壁面にボックスがあり、内部に消火栓弁、ホース、ノズルを内蔵しています。ホースを引き出し、ノズルより加圧された水を放水して、冷却作用により消火します。

　一般的に、1号消火栓、1人で操作できるように改良された易操作性1号消火栓、1号消火栓からの改修を考慮して平成25年に追加された広範囲型2号消火栓、2号消火栓という規格があります。

●屋内消火栓箱

　消火栓箱は鋼板製1.6 mm以上のものと定められています。1号消火栓、広範囲型2号消火栓で半径25 m、2号消火栓で半径15 mの円で建物を有効に包含できるよう設けます。開閉弁は、1号消火栓で床面から1500 mm以下に設けると定められていますが、2号消火栓には天井設置型もあります。これは1号消火栓が開閉弁を手動で開ける必要があるのに対し、2号消火栓はノズルの先端に開閉装置があり、ノズルを降下させるための装置を設けることで対応できるためです。

　補助散水栓という、2号消火栓と同能力の設備もあります。(図4-8-2) スプリンクラー設備を設置する際、火災発生の危険が少なくヘッドの設置が免除される階段、浴室、便所や機械換気設備の機械室などを防護するために、2号消火栓と同じく半径15 mが包含できる範囲で設けます。

●屋外消火栓設備

　建物の1、2階部分の火災に対し、外部から消火を行うもので、初期そして、外部への延焼防止の役割があります。放水量350 Lと大きく、建物利用者が使用することは難しい設備です。屋外消火栓弁は外部を半径40 mで包含するように設置されます。

図 4-8-1　屋内消火栓の操作手順

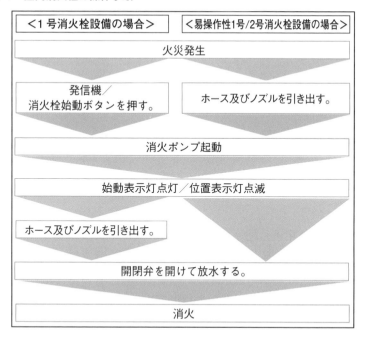

＜1号消火栓設備の場合＞	＜易操作性1号/2号消火栓設備の場合＞

火災発生

| 発信機／消火栓始動ボタンを押す。 | ホース及びノズルを引き出す。 |

消火ポンプ起動

始動表示灯点灯／位置表示灯点滅

ホース及びノズルを引き出す。

開閉弁を開けて放水する。

消火

図 4-8-2　屋内消火栓設備の種類

1号消火栓

易操作性 1 号消火栓

2号消火栓／補助散水栓

広範囲型 2 号消火栓

パッケージ型消火栓

（データ提供　（株）横井製作所）

●消火ポンプ周りの配管

屋内消火栓設備に用いられる加圧送水装置としては、高置水槽方式、圧力水槽方式、ポンプ方式などがあります。一般的に用いられるポンプ方式は図4-8-3のようにポンプ、電動機、制御盤、呼水装置、水温上昇防止用逃し配管、ポンプ性能試験装置、起動用水圧開閉装置、フート弁などで構成されています。

・呼水装置（呼水槽）

水源の水位がポンプより低い位置にある場合に、ポンプ及び配管に充水を行う装置です。

・水温上昇防止用逃し配管

ポンプ内の締切運転時においてポンプの水温の上昇を防止するための逃し配管です。ポンプ吐出側の逆止弁の一次側で、呼水管の逆止弁のポンプ側となる部分に接続され、ポンプ運転中に常時呼水槽などに放水する構造となっており、配管の口径は 15 A 以上とすることとされています。

・ポンプ性能試験装置

ポンプの全揚程及び吐出量を確認するための試験装置です。ポンプの吐出側の逆止弁の一次側に接続され、ポンプの負荷を調整するための、流量調整弁、流量計などを設けたものとなっています。配管の口径はポンプの定格吐出量を十分流すことができるサイズとなります。

・起動用水圧開閉装置

配管内における圧力の低下を検知し、ポンプを自動的に起動させる装置をいいます。

・フート弁

水源の水位がポンプより低い位置にある場合に、吸水管の先端に設けられる**逆止弁**をいいます。水槽内のゴミを吸い込まないようストレーナなどを具備し、鎖またはワイヤなどで手動により開放できる構造とされています。

図 4-8-3
屋内消火栓の系統図

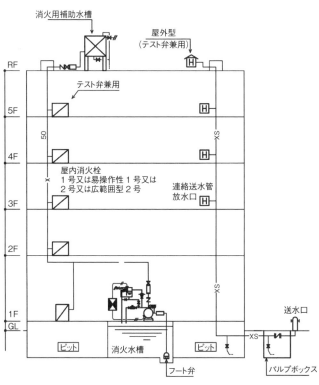

（データ提供　日本ドライケミカル（株））

図 4-8-4　屋内消火栓ポンプユニットとフート弁

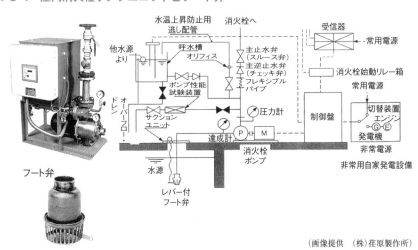

（画像提供　（株）荏原製作所）

4・消火の基本と設備

99

●消火水槽と配管

消火水槽は、地上・床上設置、地下・床下設置などがありますが、床面積の有効利用の観点から床下ピットを水槽として利用することが一般的です。

●水槽容量

消火設備の種類により、下記のように定められています。

屋内消火栓の場合（最大2個同時）
  1号消火栓　　　　　　：2.6 m^3/個
  広範囲型2号消火栓　：1.6 m^3/個
  2号消火栓　　　　　　：1.2 m^3/個

●水槽の材質

水槽の材質は、次に示す条件があります。

・耐火構造の水槽は、防火モルタルなどによる止水措置が講じられていること
・鋼板製の吹奏によるものは、有効な防食処理を施したものであること
・FRP製の水槽は不燃区画の専用室に設ける、外壁や隣接建物まで水平距離5 m以上の場所に設ける、周囲に可燃物がないこと

水槽周りの配管は、有効水量が確保できるよう、図4-8-5、図4-8-6のように設けることとされています。

図 4-8-5　サクションピットを設ける場合の図

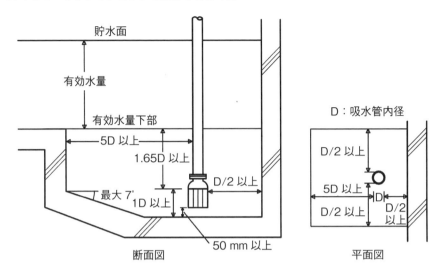

貯水面

有効水量

有効水量下部

5D 以上

1.65D 以上

D/2 以上

最大 7°

1D 以上

50 mm 以上

断面図

D：吸水管内径

D/2 以上

5D 以上

D

D/2 以上

D/2 以上

平面図

図 4-8-6　サクションピットを設けない場合の図

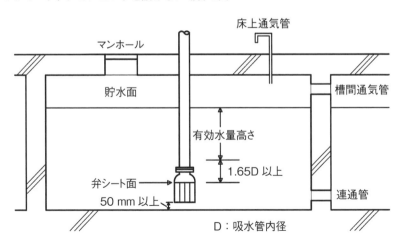

マンホール

床上通気管

貯水面

槽間通気管

有効水量高さ

1.65D 以上

弁シート面

連通管

50 mm 以上

D：吸水管内径

スプリンクラー設備

　冷却作用によって初期消火を行う消火設備です。一般的に天井面などに設けたスプリンクラーヘッドから水を噴出するシステムである自動の消火設備になります。ヘッドには閉鎖型、開放型、放水型があり、作動方式には湿式、乾式、予作動式があります。また、消火管には、白ガス管（SGP）が使用されていましたが、近年では、巻き出し管としてのステンレス鋼管、ヘッダ工法としての樹脂管などが用いられるようになりました（図4-9-1）。

●スプリンクラー設備の種類

・閉鎖型スプリンクラ設備

　最も一般的なスプリンクラー設備で、消火ポンプからヘッドまで配管内は常に充水されている湿式になります。火災によりヘッドが熱せられ、一定の温度で感知部に溶け水が流れ始めます。流水検知装置でその流れを検知し、ポンプを作動させる仕組みになっています（図4-9-2）。

・予作動式スプリンクラ設備

　コンピュータ室のような誤作動による損害が多い施設に設置されます。ポンプから予作動弁までは充水、予作動弁から閉鎖型ヘッドまでは圧縮空気が充てんされており、熱感知器による火災の感知と、ヘッドの感知部の開放の2つによって火災の有無を判断し、水損事故を防ぐ仕組みになっています。

・開放型スプリンクラ設備

　舞台部などは可燃物が多く火災が燃え広がる危険があることから、天井面に開放型スプリンクラーヘッドを設置し、放水区域ごとに一斉開放弁を設置します。一斉開放弁を開放することで、区画すべてのヘッドから放水します。

・乾式スプリンクラ設備

　配管内の水が凍結のおそれのある寒冷地で用いられる方式で、湿式とは異なり、流水検知装置からスプリンクラヘッドまでは、圧縮空気または窒素ガスが充てんされています。ヘッドの開放により、配管内の空気圧が下がると、自動的に散水が始まり消火を行います。

・特定施設水道直結型スプリンクラ設備

　老人短期入所施設、重症心身障害児施設などの施設では、規模が小さい建物であっても、スプリンクラー設備が必要となります。その際、給水配管と共用することが可能で、低コストになります。

図 4-9-1　ヘッダ工法施工例

ヘッダ工法施工例

架橋ポリエチレン管施工例

図 4-9-2　閉鎖型スプリンクラ参考系統図

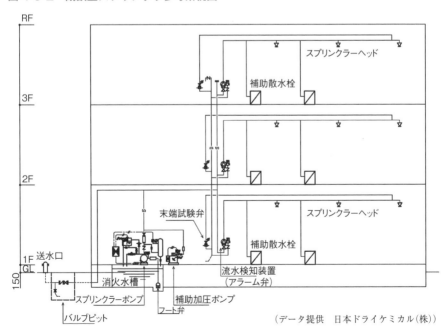

（データ提供　日本ドライケミカル(株)）

●スプリンクラー設備の構成機器

　スプリンクラー設備の構成機器は、スプリンクラーヘッドやポンプの他に流水検知装置があります。

・流水検知装置

　流水検知装置は、スプリンクラーヘッド開放による流水を検知し、自動的に信号・警報を発する装置です。各階、放水区域ごとに設け、1つの流水検知装置が受け持つ区域は原則 3,000 m^2 以下とされています。検知装置の取付位置は床面から 0.8 m 以上、1.5 m 以下とし、設置したシャフトなどには、制御弁室である旨の表示を設けることとされていいます（図 4-9-4）。

・スプリンクラヘッド

　露出型、埋込型、側壁型などさまざまな種類のヘッドがあります。なお、設置には専用工具で固定することとされています（図 4-9-3、図 4-9-4）。

●消火水槽と配管

　消火水槽は、地上・床上設置、地下・床下設置などがありますが、床面積の有効利用の観点から床下ピットを水槽として利用することが一般的です。

・水槽容量

　下記のように定められています。スプリンクラ消火設備の場合

　　閉鎖型標準ヘッド　　：1.6 m^3/ 個

　　閉鎖型小区画ヘッド：1.0 m^3/ 個

　その他にも開放型などにより流量が異なります。また、最大個数は、用途、階数、感度種別などにより、それぞれ異なります。

図 4-9-3　スプリンクラヘッド工具

（画像提供　日本ドライケミカル（株））

図 4-9-4　構成機器

大規模放水銃	中規模放水銃	小型ヘッド		
閉鎖型ヘッド				感熱開放型ヘッド

（画像提供　ホーチキ（株））

補助散水栓	末端試験装置

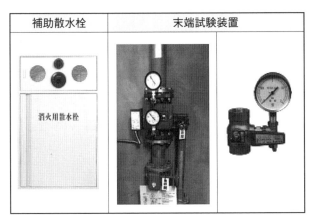

（画像提供　ホーチキ（株））
（画像提供　日本ドライケミカル（株））

図 4-9-5　スプリンクラー設備の操作手順（閉鎖型）

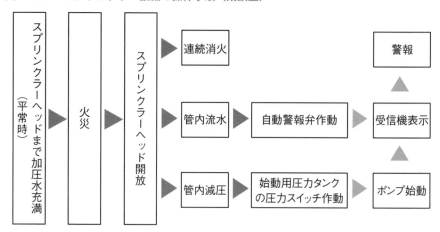

図 4-9-6　スプリンクラー設備の操作手順（予作動式）

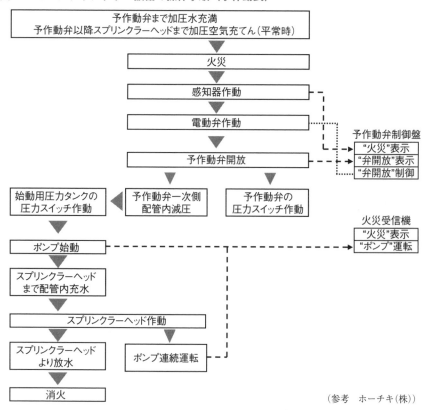

（参考　ホーチキ㈱）

図 4-9-7　スプリンクラー設備の操作手順（開放型）

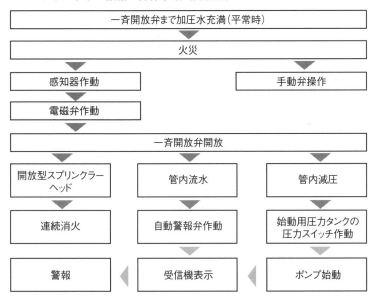

表 4-9-1　スプリンクラー設備の性能表

ヘッドの種類			放水圧力	放水量
閉鎖型	標準型	高感度型	0.1MPa 以上	80L/min 以上
		小区画型		50L/min 以上
		その他		80L/min 以上
				ラック式倉庫：114L/min 以上
	側壁型		0.1MPa 以上	80L/min 以上
開放型			0.1MPa 以上	80L/min 以上
放水型他	放水量（分布率）		小型：指定可燃物以外　5L/min·m² 以上	
			大型：指定可燃物　10L/min·m² 以上	
	性能		放水区域における床面で発生した火災を有効に消火することができるものであること。	

表 4-9-2　スプリンクラー設備の性能表

ヘッドの種類		ポンプ吐出量
標準型	ラック式倉庫	130L/min ×同時放射個数
	小区画型	60L/min ×同時放射個数
	その他	90L/min ×同時放射個数
側壁型		90L/min ×同時放射個数
開放型		90L/min ×同時放射個数

（参考　ホーチキ(株)）

動力消防ポンプ設備

動力消防ポンプ設備は、消防用車両が進入できないような狭いところでも消火活動を可能にする設備になります。ポンプを車体に固定した消防ポンプ車や人力で搬送可能な可搬消防ポンプがあります。

●設備構成と水源

動力消防ポンプ設備は、動力消防ポンプ、ホース、水源などで構成される設備になります。水源までホースをのばし、ポンプを作動させて放水します。その際、ポンプの始動にはガソリンといった燃料を使用します。

水源は水槽の他に池、湖、河川など、1年を通じて水源水量を確保できるものとし、水源の水量は規格放水量で20分間放水できる水量以上とされますが、その水量が20 m^3 以上となる際には20 m^3 としてもよいとされています。また、規格放水量に応じて、水源の防火対象物の各部分からの水平距離が定められています（表4-10-1）。

●ポンプの性能と種類

動力消防ポンプは、規格放水性能及び高圧放水性能に応じて、9つに区分されます（A-1級、A-2級、B-1級、B-2級、B-3級、C-1級、C-2級、D-1級、D-2級）。なお、D-1級、D-2級は規格放水量が0.2㎥／分に満たないため、防火対象物に設置する動力消防ポンプの基準には該当しないので、注意する必要があります（表4-10-2）。

動力消防ポンプ設備の種類として、2種類があります。ポンプが自動車の車台に固定された動力消防ポンプである消防ポンプ自動車と ポンプが人力で搬送される、または、人力によって牽引される車両（もしくは自動車）の車台に取り外しができるよう取り付けられて搬送される動力消防ポンプである可搬消防ポンプがあります（図4-10-1）。

表 4-10-1　水源までの距離と規格放水量の規定

動力消防ポンプの規格放水量	水平距離
0.5m³/分以上のもの	≦ 100m
0.4m³/分～0.5m³/分 未満のもの	≦ 40m
0.4m³/分未満のもの	≦ 25m

防火対象物の種類	規格放水
屋内消火栓設備の設置を 必要とするもの	0.2m³/分
屋外消火栓設備の設置を 必要とするもの	0.4m³/分

表 4-10-2　ポンプの級別と性能

（　）内の数字は直列並列切換型のポンプ

級別	規格放水圧力 （MPa）	規格放水量 （m³/min）	高圧放水圧力 （MPa）	高圧放水量 （m³/min）
A-1	0.85	2.8 以上	1.4 （1.7）	2.0 （1.4）以上
A-2	0.85	2 以上	1.4 （1.4）	1.4 （1.0）以上
B-1	0.85	1.5 以上	1.4	0.9 以上
B-2	0.7	1.0 以上	1.0	0.6 以上
B-3	0.55	0.5 以上	0.8	0.3 以上
C-1	0.5	0.35 以上	0.7	0.2 以上
C-2	0.4	0.2 以上	0.55	0.1 以上
D-1	0.3	0.13 以上	—	—
D-2	0.25	0.05 以上	—	—

図 4-10-1　ポンプの種類

消防ポンプ自動車

可搬消防ポンプ

（データ提供　（右）（株）モリタ　（左）トーハツ（株））

　消防用水は消火の目的で用いられる水のことを指し、広い敷地に存在する大規模な建物または密集している建物の延焼段階の火災を消火するために消防隊が消火活動上の水利を得るための水源です。防火水槽、プール、池など常時規定水量以上の水量が得られるものになります。

　なお、**消防水利**は、消防用水と同様、消火の目的で用いられる水のことをさし、消防隊が消火活動上の水利を得るための水源です。ただし、それぞれの目的が異なり、消防用水は「当該防火対象物に義務付けられているもの」で、消防水利は「周辺地区における活動を目的としているもの」という違いがあります。

●消防水利

　消防庁の基準に従って当該市区町村が設置し、維持管理するものになります。また、それ以外にも消防長または消防署長は、池・泉水・井戸・水槽その他水利につき、その所有者、占有者、管理者の承諾を得ることで、消防水利に指定することができます。

図 4-11-1　防火水槽

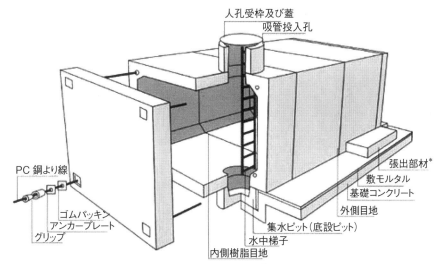

人孔受枠及び蓋
吸管投入孔
PC 鋼より線
ゴムパッキン
アンカープレート
グリップ
張出部材*
敷モルタル
基礎コンクリート
外側目地
集水ピット(底設ピット)
水中梯子
内側樹脂目地

*張出部材は必要な場合のみ取り付ける
　(地下水があり浮力が大きい場合)

（データ提供　（株）日東）

図 4-11-2　防火水槽と消防水利の標識

防火水槽標識

消防水利標識

（データ提供　（株）横井製作所）

4-12 連結送水管

連結送水管設備は、主に消防隊が消火活動に使用する設備の1つになります。屋外に設けた送水口を通じて、ポンプ車から送水し、建物内に設ける放水口にホースを接続、放水することで消火活動を行います。

●設備構成と設置基準

消防隊が消火活動を行う際に消火用の水を火災が発生した階まで送水するために、高層建築物、地下街などに設置される設備です。送水口、放水口、放水用器具格納箱などから構成されています。

高層建築物の火災の場合、はしご付き消防自動車などにより、外部から直接注水する消火活動が行われますが、内部の火災の消火活動には不十分です。そこで、地上より火災発生階まで迅速に駆けつけ、消火活動を行えるようにしなければなりません。ホースを持って駆けつけるのでは、時間がかかってしまいます。そのため、階ごとにホースを設置し、放水ができるよう規定が定められています。

高層建築物や無窓建築物において、ホースを連結し伸ばすことが困難な建物の消火活動を助け、3階以上の階ごとに半径50 mで包含するよう階段室や、階段室から5 m以内に設けます。

送水口と放水口を結ぶ配管は、圧力用炭素鋼管（sch40）などが用いられます。軽量により施工性のメリットがあり、ステンレス鋼管が用いられるようになってきています。

●放水口と送水口

放水口は床面から0.5 m以上1 m以下で設置することとされています。また、送水口は地盤面から0.5 m以上1 m以下で、送水に支障のない位置に設置することとされています。なお、配管は100 A以上とし、排水弁、逆止弁、止水弁を設置します。

図 4-12-1　連結送水管設備参考系統図

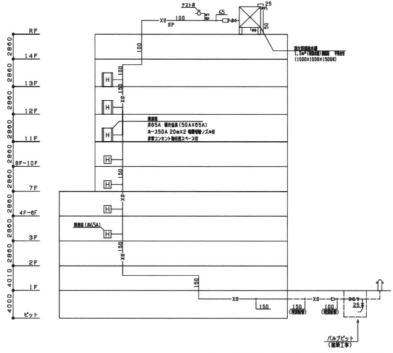

(データ提供　日本ドライケミカル(株))

図 4-12-2　放水口

(データ提供　(株)立堀製作所)

図 4-12-3　送水口

スタンド型送水口設置例

壁面型送水口設置例

(データ提供　日本ドライケミカル(株))

4-13 連結散水

連結散水設備は連結送水管設備と同様に、消火活動上必要な設備の1つで、建物外部に設けた送水口を通じてポンプ車から送水し、天井または天井裏に設置した散水ヘッドから放水することで消火活動を行います。

●設備構成

火災が発生した場合に煙や熱が充満することによって消防活動が難しくなることが予想される地下街や地下階に設置される設備で、散水ヘッド、配管・弁類及び送水口などから構成されています。

散水ヘッドには開放型と閉鎖型があり、開放型は送水区域内のヘッドから一斉に散水しますが、閉鎖型は火災の加熱を受けた部分のヘッドが開放されるので、散水も火災部分に限られ、他への水損が少ないという利点があります。

開放型（乾式）：乾式配管に送水することで、送水区域内のヘッドから一斉に散水します。

閉鎖型（湿式）：湿式配管で火災による熱で散水ヘッドが開栓し、散水します。スプリンクラーヘッドで代用されます。

●スプリンクラー設備との違い

散水ヘッドを備え、散水することで消火活動を行うスプリンクラー設備と類似点が多く、連結散水設備と混同してしまいますが、別の設備になります。スプリンクラー設備には、水源と加圧送水装置を専用に有し、自動的に火災を感知して送水、散水することで、消火活動を行います。しかし、連結散水設備は、外部からの水源、加圧送水装置によって、送水散水することで、消火活動を行うため、大きく異なるので設置の検討をする際には、特に注意が必要です。

図 4-13-1　連結散水設備参考系統図

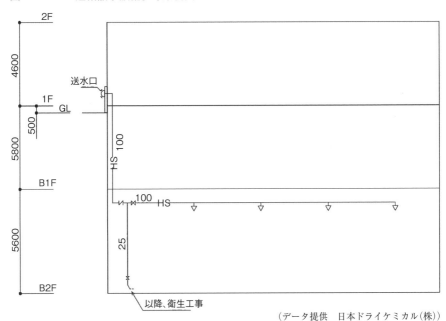

（データ提供　日本ドライケミカル（株））

図 4-13-2　散水ヘッドの種類

開放型

閉鎖型

※スプリンクラーヘッドで代用

（データ提供　ニッタン（株））

4 -14 簡易消火用具

消火器ではありませんが、消防法及び関連政令上消火器の代替が可能な消火用の器具のことです。水バケツ、水槽、乾燥砂、膨張ひる石、膨張真珠岩を指します。設置に際しては、規定がいくつかあります。

●消火器具の能力単位の数値の合計が 2 未満の場合

消火器具の能力単位の数値の合計が 2 以上の場合は、簡易消火用具の能力単位の合計数は、設置すべき消火器具の能力単位の 1/2 を超えてはなりません。

ただし、アルカリ金属の過酸化物・鉄粉・金属粉・マグネシウム・もしくはこれらいずれかを含有するものまたは、禁水性物品に対して乾燥砂・膨張ひる石・膨張真珠岩を設けるときは除きます。

設置位置は消火器と同様、床面からの高さが 1.5 m 以下の個所に設けなければなりません。さらに、設置した場所には設置した簡易消火用具を表示した標識を見やすい位置に設置しなければなりません。

表 4-14-1　能力単位表

条件	能力単位
水バケツ（容量 8L 以上）× 3 個	1
水槽（容量 80L 以上）1 個＋消火専用バケツ（容量 8L 以上）× 3 個	1.5
水槽（容量 190L 以上）1 個＋消火専用バケツ（容量 8L 以上）× 6 個	2.5
乾燥砂（50L 以上）1 塊＋スコップ	0.5
膨張ひる石または膨張真珠岩（160L 以上）1 塊＋スコップ	1

図 4-14-1　用具の種類

消火投水

! 命を救う消火設備と日常点検

　消火設備はそれぞれの設備が独立して成り立っているのではなく、相互に連携しながら、成り立っています。1つの設備の機能が正常に稼働していても、どれか1つに異常があった場合は対応が遅れてしまい、最悪の場合、多くの命が失われてしまいます。

　また、常時稼働し、日常生活での快適性を求められる空調・換気設備、給排水設備などとは違い、災害など非常時のための設備である消火設備は、日常で建物を利用する人にとっては馴染みもなく、多くの人は、設置されていることさえも知らない場合があります。存在を忘れてしまわれがちの設備ですが、建物に設置される消火設備を把握し、日常の点検を行うことで、非常時の稼働に備えなければなりません。

第5章

点検・維持管理

　ここまで防火・消防のための設備やシステムの重要性を説明してきました。しかしこれらを設置・導入したからといって安心してはいけません。導入したものを継続的に維持管理し、火災が実際に起きてしまったときに、有効に機能するようにしなければなりません。維持管理を怠ると、せっかく設置・導入した設備やシステムが役に立たない可能性もあります。

　例えば、設備類は機械物で不具合もありますし、普段使わないものが多いため、いざというときになって実は故障していました、というケースもあり得ます。そうならないよう、定期的な点検などを通して、適切に維持管理していく必要があります。

5-1 防火管理と定期点検

●防火管理の目的

防火管理は建物ができてから、実際に使用していく中で行う防火対策です。防火管理の目的は防火の目的と同様に「火災の発生を未然に防ぎ、万一発生しても最小限の被害に抑えること」ですが、そのために「**管理者や所有者が、建物の防火対策が有効に機能するよう維持管理を行うとともに、利用者（主に従業員）にもそれを周知する**」ことが重要になります。この維持管理は建物を使用していく限り半永久的に必要で、その意味でも非常に重要な防火対策です（図 5-1-1）。

●防火管理はすべての建物に必要

法的な位置付けを無視すれば、防火管理はすべての建物に必要です。基本的には、①人が利用する、②可燃物がある、このいずれかに該当すれば、火災や人的被害のリスクがあります。普通これに該当しない建物はないでしょうから、実質すべての建物に防火管理が必要です。中でも、多数の人が利用する建物や、避難困難者が利用する建物では、火災による被害拡大のリスクはさらに大きくなり、防火管理の必要性はより高まります（図 5-1-2）。

法的には消防法の防火管理者が行う業務を防火管理と位置付けることが一般的かと思いますが、この他にも建築基準法で定められた点検制度や、法で規定されていない防火対策も広義には防火管理に該当します。

●代表的な防火管理と点検制度

本章では法で規定されている防火管理や点検制度を紹介していきます。まずは消防法で規定される、**防火管理業務**と**防火対象物定期点検**について、最後に建築基準法で規定される**防火設備定期検査報告**について紹介します（図 5-1-3）。これらの点検の対象となるのは、防火管理の必要性がより高い建物で、多数の人が利用する建物や避難困難者が利用する建物が対象です。

図 5-1-1 防火管理の目的

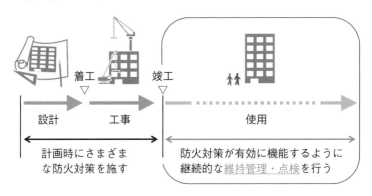

図 5-1-2 防火管理が必要な建物

図 5-1-3 防火管理の種類と本章で扱う内容

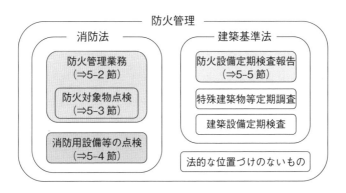

5-2 防火対象物の防火管理業務

●防火対象物と特定防火対象物

消防法では、火災予防の対象となる建築物などを**防火対象物**とし、計22種類に区分し（表5-2-1）、その規模ごとにさまざまな規定が適用されます。

「防火対象物」の中でも不特定多数が利用する建物や、自力避難が困難な利用者がいる建物では火災時のリスクがさらに高くなるため、**特定防火対象物**と位置付けられ、火災安全のための規制がより強くなります。

また、用途ごとに収容人員と延べ床面積による区分もあります。収容人数が一定数以上の防火対象物は、延べ床面積が一定規模以上だと**甲種防火対象物**、それ以外は**乙種防火対象物**となります（表5-2-2）。

●防火管理者の選任

収容人員が一定数以上の甲種・乙種防火対象物では「（甲種・乙種）防火管理者」を選任し、防火管理を行わせる必要があります。「防火管理者」の選任は防火管理の最終的な責任者である管理権限者（ビル所有者、会社社長など）が行います。建物に複数テナントが入居し、管理権限者が複数いる場合は、それぞれのテナントの用途と収容人員によって防火管理者の選任要件が決まります（表5-2-2）。

●防火管理者の業務内容

防火管理者の業務内容は①消防計画の作成、②消火・通報・避難訓練の実施、③消防用設備などの点検、④火気使用の監督、⑤避難または防火上必要な構造及び設備の維持管理、⑥収容人員の管理などです（図5-2-1）。

特に、①消防計画の作成は重要なものの1つです。消防計画は防火・防災に関するバイブル的な存在で、建物ごとにその特徴を踏まえて作成されます。消防計画書では、自衛消防組織、自主検査、消防機関との連絡、放火対策、防火教育、その他上記②～⑥に関しての活動方針を定めます。消防計画に記

載された内容は、その建物を利用するすべての人に対して強制力を持ちます。

表 5-2-1　防火対象物と特定防火対象物

項目	用途	項目	用途
(1)	劇場・映画館・集会場など	(12)	工場・スタジオなど
(2)	遊技場・カラオケボックスなど	(13)	自動車車庫・駐車場など
(3)	飲食店・料理店など	(14)	倉庫
(4)	百貨店・物販店舗など	(15)	前各項に該当しない事業所
(5)	ホテルなど	(16)	複合用途
(6)	病院・老人ホーム・幼稚園など	(16の2)	地下街
(7)	小中高校	(16の3)	地下道に面して設けられた防火対象物
(8)	図書館・博物館など	(17)	重要文化財など
(9)	公衆浴場	(18)	アーケード
(10)	旅客車両の停車場など	(19)	市町村の指定する山林
(11)	神社・寺院など	(20)	法務省令で定める舟車

※1　表は用途区分の概要。詳細は消防法令別表第1（参考資料-2）を参照
※2　▨のすべてと▨の一部は特定防火対象物（特定用途）
　　　特定防火対象物⇒「不特定多数」または「避難困難者」が利用する施設

図 5-2-1　防火管理者の業務内容の例

①消防計画の作成

・自衛消防の組織　　・防火防止対策
・火災予防上の自主検査　・防火教育
・消防機関との連絡　　・下記②〜⑥の方針　など

②訓練の実施

③消防設備の自主点検

④火気使用の監督

⑤避難または防火上必要な構造及び設備の維持管理

⑥収容人員の管理

●自衛消防組織と役割

　消防計画に定める内容の１つに「自衛消防組織」がありました。自衛消防とは火災をはじめとする災害時における被害を最小限に抑えるために活動することで、特に災害初期において消防隊到着までの間における活動を指します。防火管理者の選任が必要な建物で規模が一定以上の場合は、「自衛消防組織」を設置しなければなりません。

　自衛消防を組織する場合は、自衛消防隊長（＝統括管理者）を筆頭として、その下に情報設備監視班、初期消火班、避難誘導班、救出救護班の４つの班によって本部隊を構成します。さらにその本部隊とは別に地区隊として、地区隊長と上記４つの班を編成します。いずれも従業員がその任につきますが、自衛消防隊長や本部隊の各班の班長は自衛消防業務講習の修了者等から選任します。

　情報設備監視班は主に、119番通報や消防用設備等の監視、情報収集を行います。初期消火班は出火場所の確認と消火器や屋内消火栓設備を用いた初期消火などを行います。避難誘導班は、避難場所までの誘導や逃げ遅れた人がいないことの確認などを行います。救出救護班は負傷者の救出・救護・トリアージなどを行います。これらの活動はあくまで、消防隊到着までの災害初期での対応です。消防隊が到着した際にはスムーズに引継ぎを行います。

表 5-2-2　防火管理者の選任が必要な防火対象物

防火対象物と防火管理者の区分

用途	特定防火対象物			非特定防火対象物	
	避難困難者施設	左記以外			
収容人員	10 人以上	30 人以上		50 人以上	
延べ床面積	すべて	300m² 以上	300m² 未満	500m² 以上	500m² 未満
防火対象物 防火管理者	甲種	甲種	乙種※1	甲種	乙種※1

※1　乙種防火対象物は乙種または甲種防火管理者
※2　表に該当しない場合は防火管理者の選任の必要なし

テナントの防火管理者の区分

区分	テナントが入居する建物の防火対象物区分			
	甲種※1			乙種
テナント用途	特定用途		非特定用途	すべて
	避難困難者施設	左記以外		
テナント収容人員	10 人以上	30 人以上	50 人以上	すべて
防火管理者	甲種	甲種	甲種	乙種※2

※1　甲種防火対象物のテナントで表に該当しないものは乙種または甲種防火管理者
※2　乙種防火対象物は乙種または甲種防火管理者

図 5-2-2　自衛消防組織の例

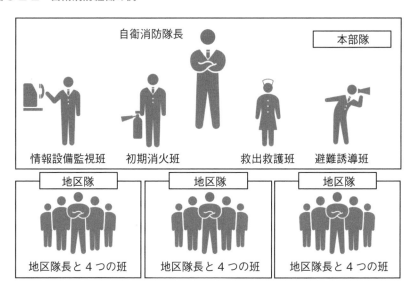

●点検制度の背景

　防火管理を適切に行うように規定された点検制度です。この制度は、平成13年に発生した新宿歌舞伎町火災の教訓から生まれました。この火災では44名もの死者を出しましたが、被害が大きくなった原因として、1か所しかない階段に多量の物品が置かれ、そこが火元（放火の疑い）になったことが指摘されています。また、避難訓練や消防設備の点検を怠っていた点も問題となりました。防火管理が適正に行われていれば、ここまで多くの犠牲者は出なかったと考えられています。このようなことが起きないよう、平成14年に防火対象物の点検報告制度が設けられました。

●どんな点検？

　防火対象物点検では、①防火管理者を選任しているか、②消防設備が設置されているか、③防炎対象物品に防炎性能の表示があるか、またこれらの他に、防火管理者が行う業務である④避難または防火上必要な構造及び設備の維持管理や、⑤訓練などを実施しているか、などを点検します(図5-3-1)。

●どんな建物が対象？

　点検の対象は、特定防火対象物で①収容人数が300人以上のもの、②収容人数が30人以上で、特定用途が3階以上の階又は地階にあり、階段が1つのものです。収容人数がそこまで多くなくても雑居ビルのように階段が1つの建物も対象である点が特徴です（図5-3-2）。

●誰が点検する？

　点検は防火管理に関する知識と技能を有する防火対象物点検資格者が行います。防火対象物点検資格は国家資格で、講習受講により取得できます。受験資格として防火管理などの実務経験が必要です。建物の防火管理者に任命

されている人が資格を取得して点検を行うこともできます。

図 5-3-1　防火対象物点検の点検内容

①防火管理者の選任　②消防設備の設置の有無　③防炎性能の表示の有無

④避難または防火構造上の維持管理　　　⑤訓練の実施

※　防火管理者が行う業務内容の実施や日常的に実施されていることの確認・点検

図 5-3-2　報告が義務となる防火対象物と点検者

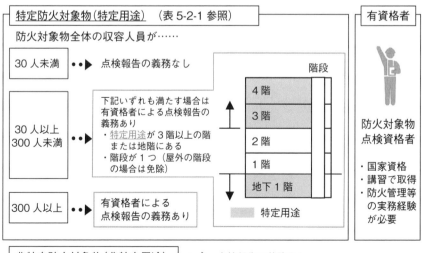

特定防火対象物（特定用途）　（表 5-2-1 参照）

防火対象物全体の収容人員が……

30 人未満 ••▶ 点検報告の義務なし

30 人以上 300 人未満 ••▶ 下記いずれも満たす場合は有資格者による点検報告の義務あり
・特定用途が 3 階以上の階または地階にある
・階段が 1 つ（屋外の階段の場合は免除）

階段

| 4 階 |
| 3 階 |
| 2 階 |
| 1 階 |
| 地下 1 階 |

特定用途

300 人以上 ••▶ 有資格者による点検報告の義務あり

非特定防火対象物（非特定用途）　••▶ 点検報告の義務なし

有資格者

防火対象物点検資格者

・国家資格
・講習で取得
・防火管理等の実務経験が必要

5-4 消防用設備等の点検

●点検制度の背景

　消防用設備の点検を適切に行うよう規定された制度です。契機となったのは、昭和40年代後半に発生した千日デパート火災（死者118名）や大洋デパート火災（死者103名）です。いずれも消防用設備等が未設置（既存不適格）であったことが、被害拡大の原因の1つだといわれています。これを受け、昭和49年に消防法が改正され、消防用設備等の設置が既存遡及で適用されるようになるとともに、維持管理のための点検が義務付けられました。

●どんな点検？

　消防法で規定された消防用設備が火災時に正常に機能するよう点検を行います。対象となる設備は火災報知設備や排煙設備、自動消火設備などで、主なものは3章と4章で紹介しました。なお、防火防煙シャッターやその作動のための感知器などは建築基準法の範疇であるため対象外です（図5-4-1）。

　点検は総合点検と機器点検の2種類あります。総合点検は設備を実際に使ってみて正常に作動するか確認する点検方法で、1年に1回行います。機器点検は目視で判断できる損傷などがないかの確認や、簡易的な操作で異常がないか確認する点検方法で、6か月に1回行います。

●どんな建物が対象？

　対象は①延床面積1000 m² 以上の特定防火対象物、②避難階段などが1つの特定防火対象物（屋外階段がある場合は除く）、③ 1000 m² 以上の防火対象物で消防庁が指定するものです（図5-4-2）。

●誰が点検する？

　点検は消防設備士か消防設備点検資格者が行います。消防設備士は消防用設備の工事、整備、点検に必要な知識と技能を習得した技術者です。国家資

格で、資格試験に合格する必要があります。消防設備点検資格者は消防用設備の点検に必要な知識と技能を習得した技術者で、こちらは講習を受けることで資格を取得できます。

図 5-4-1　消防用設備等点検の点検内容

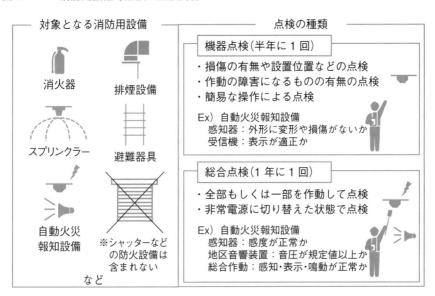

図 5-4-2　点検が義務となる防火対象物と点検者

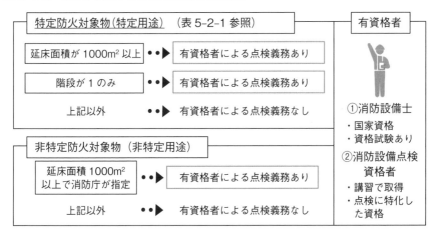

5-5 防火設備定期検査報告

●点検制度の背景

　防火戸や防火シャッターが適切に作動するか点検するこの制度は、平成25年に発生した福岡市整形外科医院火災を契機に生まれました。この整形外科医院所には防火区画を形成する防火戸が計7か所ありましたが、いずれも作動しておらず、各階に煙と火炎が拡がり、結果10名が死亡しています。防火戸の不作動の一因として、感知器が旧式の温度ヒューズであったことが指摘されています。また、5-3節（防火対象物点検）で紹介した消防用設備等点検では、消防法で規定する設備が対象で、建築基準法で規定する防火設備とその感知器は点検対象外です。このような背景から、建築基準法の枠組みで防火設備を点検する制度が生まれました。

●どんな点検？

　点検は防火戸、防火防煙シャッターなど常時開放式の防火設備、連動する感知器、連動制御器が対象です（図5-5-1）。点検は原則年1回行います。

　点検項目は、防火防煙シャッターであれば、①閉鎖障害となるような物品の有無の確認、②防火設備の機械設備の状態の確認、③感知機の作動状況と連動制御器の状態の確認、④総合的な作動状況の確認の順で点検を行います。それぞれ細かく点検項目が設けられています。

●どんな建物が対象？

　対象となる建物は、火災があった整形外科医院のように避難時に介助が必要な利用者がいる施設の他、不特定多数が利用する劇場やホテル、商業施設などです。それぞれ対象となる規模が規定されています。また、学校などで地方自治体が指定するものも対象となります（表5-5-1）。

●誰が点検する？

　点検は1級建築士、2級建築士、または防火設備検査員が行います。防火設備検査員は本制度の誕生とともに導入された国家資格です。講習を受講することで取得できます。

●その他各種点検・検査

　ここで紹介した点検以外にも、建築基準法では、建築設備の定期検査、昇降機などの定期検査、特殊建築物などの定期調査などもあります。

図 5-5-1　防火設備定期検査の点検内容

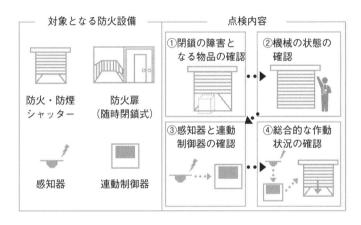

表 5-5-1　点検報告が義務となる建物と点検者

対象用途		対象用途の位置と規模（いずれかに該当するもの）		有資格者
(1)	劇場・映画館・集会場など	(a)地階または3階以上の階にあるもので、100m² を超えるもの	(b) 客席の床面積が 200m² 以上のもの (c)劇場・映画館・演芸場で主階が1階にないもの	①1・2級建築士 ・国家資格 ・資格試験あり ②防火設備検査員 ・講習で取得 ・検査に特化した資格
(2)	病院・老人ホーム・ホテルなど		(b)床面積が 200m² 以上のもの （ホテル・旅館などにおいては床面積が 300m² 以上のもの）	
(3)	体育館・図書館・博物館など		(b)床面積が 2,000m² 以上のもの	
(4)	百貨店・展示場・店舗・遊技場など		(b)2 階の床面積が 500m² 以上のもの (c)床面積が 3,000m² 以上のもの	
※1 表は対象用途の概要。 　　詳細は国交省告示第 240 号、建築基準法別表第 1 を参照。				

! VR（仮想現実）技術を活用した訓練

　火災の際に落ち着いて消火活動、避難行動をとるためには、訓練を行うことが有効です。読者の皆さんもどこかで訓練を経験していることと思います。最近では、最新技術であるVR（Virtual Reality：仮想現実）を活用した訓練や体験が可能になってきました。ヘッドマウントディスプレイを装着すると、本当に火災現場にいるような臨場感のある映像で消火や避難の体験ができます。

　現実の訓練で臨場感のある実際の火災現場を再現しようと思うと、安全面の問題や、コストの問題がありましたが、VRは安全かつ低コストであるため、導入のハードルが低いというメリットもあります。

　埼玉県鴻巣市は、株式会社理経が開発した避難体験VRを導入しました。このVRでは火災現場から脱出するまでの一連の流れを、ユーザーが空間内を自由に歩行しながら体験できます。

　また、MXモバイリング株式会社が開発した消火訓練VRでは、専用の消火器（コントローラ）を持って、実際の消火器と同じ使用手順で消火の体験が可能です（下図）。

消火訓練シミュレータのイメージ（MXモバイリング）

ヘッドマウントディスプレイ

火炎

視聴映像
火災が発生し煙が立ち込めている映像。
コントローラの操作で消火することができる。

コントローラ
消火器型のコントローラを使って消火を体験できる。

第6章

耐火の基本

　第2章で耐火の考え方を簡単に紹介しました。ここでは主に法規的な側面について説明を加えていきます。まず、基本の目標性能となる「延焼拡大防止」や「建物の倒壊防止」が建築基準法でどのように規定されるか。また、耐火建築物や準耐火建築物とは何か。さらに構造体の種類別にどのように耐火性能を確保するかなどについて理解しましょう。特に木造の耐火性能は、世界的にも注目度の高い内容ですので、最近の動向について、事例を交えて紹介します。

6-1 耐火性能

●耐火性能の種類

2-10 節（耐火）で紹介しましたが、耐火は 2 つの目標性能として「延焼拡大防止」と「建物の倒壊防止」があります。これらは建築基準法では「耐火性能」という位置付けで 3 つの性能として規定されています。それが「遮熱性」「遮炎性」「非損傷性」です（図 6-1-1）。「遮熱性」と「遮炎性」は「延焼拡大防止」を、「非損傷性」は「建物の倒壊防止」とそれぞれ対応します。

●遮熱性

遮熱性は、熱を部材の裏面に伝えない性能のことで、床や壁に必要です。1 章で説明したように、ものには着火する温度があります。仮に火炎が出ていなくても、熱の影響で区画の反対側が高温になると、近くの物が燃え始めてしまい、延焼してしまいます。そうならないよう、部材の裏面の温度が平均で 160℃ を超えないような性能とします。

●遮炎性

遮炎性は、火炎を外部に噴出させない性能で、外壁や屋根に必要です。特に部材の隙間や火熱による変形で生じた亀裂からの火炎が噴き出さないようにします。また、屋内においては防火区画上に設ける防火設備に必要な性能でもあります。

●非損傷性

非損傷性は、火熱によって構造耐力に影響があるような損傷をしない性能のことで、建物の荷重を支える耐力壁・柱・床・梁・屋根・階段に求められます。例えば、鉄骨造は金属でできていますので、高温になるとやわらかくなってしまいますし、木材などは燃えるとどんどん欠損してしまいます。そうすると建物の荷重を支えられなくなってしまうわけです。そうならないよ

う、火熱を加えられても構造耐力を維持できるようにします。

図 6-1-1　遮熱性・遮炎性・非損傷性

●遮熱性
性能：熱を伝えない性能で、隣接室への延焼拡大を防止する
対象部材：内部間仕切壁・床

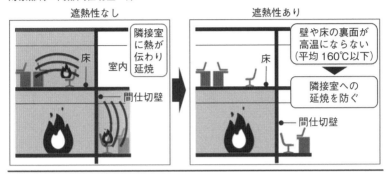

●遮炎性
性能：火炎を噴出しない性能で、隣接室や外部への延焼拡大を防止する
対象部材：外壁、屋根（防火設備）

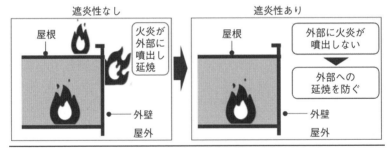

●非損傷性
性能：構造耐力上支障のある損傷を生じない性能で、建物の倒壊を防止する
対象部材：柱・梁・床・壁（耐力壁）・屋根・階段

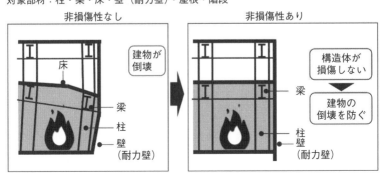

●耐火建築物の定義

建築基準法上の「**耐火建築物**」の定義はやや複雑です。大雑把には以下のような定義です。

耐火建築物：①**主要構造部**が「**耐火構造**」
②外壁の開口部で延焼のおそれのある部分は防火設備

②は 2-11 節（隣接建物への延焼防止）で紹介した外部への延焼拡大防止のための開口部に適用される規定です。さて、①はどうでしょう。「耐火構造」という言葉が出てきました。では、「耐火構造」とは何でしょうか。

耐火構造：壁、柱、床などで「**耐火性能**」を有するもの

似た言葉が入れ子になっていてわかりづらいですが、この「耐火性能」は 6-1 節（耐火性能）で説明した「遮熱性」「遮炎性」「非損傷性」のことでした。これらの性能を「火災が終了するまで倒壊と延焼を防止するために必要とされる性能」として規定しています（図 6-2-1）。

●建築基準法上の要求耐火時間

耐火性能は基本的には、火災にどれくらいの時間耐えられるかという点が問題になります。例えば、遮熱性であれば 1 時間耐えればよい、という具合です。これを**要求耐火時間**といいます。ただ、この規定もやや複雑で、部材の種類によって要求耐火時間も異なります（表 6-2-1）。「非損傷性」は階によって要求耐火時間が 1 ～ 3 時間と変わる部材があります。建物の下層ほど長時間火熱に耐えられるようにする必要があるため、要求耐火時間も長くなります。

図 6-2-1　耐火建築物とは

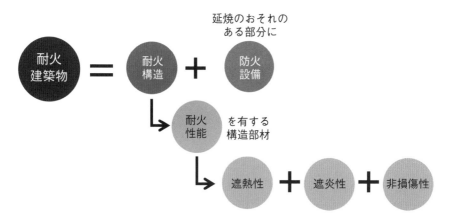

表 6-2-1　要求耐火時間

・非損傷性は非耐力壁以外すべてに適用
・高い建物の下の階ほど要求耐火時間が長い

性能			壁				床	柱	梁	屋根	階段
			外壁			間仕切壁					
			耐力壁	非耐力壁		耐力壁	非耐力壁				
				延焼のおそれ							
				あり	なし						
非損傷性	最上階から4以内の階	~4階	1 時間	—	—	1 時間	—	1 時間	1 時間	1 時間	30 分	30 分
	最上階から5以上14以内の階	5~14階	2 時間	—	—	2 時間	—	2 時間	2 時間	2 時間		
	最上階から15以上の階	15階~	2 時間	—	—	2 時間	—	2 時間	3 時間	3 時間		
遮熱性			1 時間	1 時間	30 分	1 時間	1 時間	1 時間	—	—	—	—
遮炎性			1 時間	1 時間	30 分	—	—	—	—	—	30 分	—

・遮熱性は壁と床に適用
・基本は 1 時間で、延焼のおそれのない非耐力壁のみ 30 分

・遮炎性は外壁と屋根に適用
・基本は 1 時間で、延焼のおそれのない非耐力壁と屋根のみ 30 分

6-3 準耐火建築物

●準耐火建築物と耐火建築物の違い

次は準耐火建築物についてです。大枠は耐火建築物と同じですが、相違点もいくつかあります。まず考え方の違いとして、「耐火性能」と「準耐火性能」の違いがあります。

耐火性能：火災が終了するまで倒壊と延焼を防止するために必要な性能。
準耐火性能：火災による延焼を抑制するために必要な性能。

耐火性能は、火災終了まで耐えて、その後も倒壊しない性能を意味します（火災が終了したら倒壊しても OK ということではありません）。一方の準耐火建築物では、火災が終了する、しないに関わらず、一定時間火熱に耐えればよいのです。いい換えれば、その時間耐えればあとは倒壊してもいいということです（図 6-3-1）。

●要求性能耐火時間

耐火建築物との違いは要求耐火時間にも表れています。準耐火建築物の場合、45 分準耐火建築物と 1 時間準耐火建築物とがあり、いずれも耐火建築物で求める要求耐火時間よりも短くていい部分があります（表 6-3-1）。また、準耐火建築物は耐火性能の対象部材にはなかった軒裏の性能も求めています。

●法改正による新しい準耐火基準

昨今注目の木造耐火分野では、平成 30 年に建築基準法が改正され、新たに 90 分準耐火と 75 分準耐火性能が定義されました。この性能を確保することで、中大規模の木造建築物が可能になります。基本的には木の構造部材を厚くして耐火性能を向上させるとともに、避難や消火の安全対策を講じることで、耐火性能に近い性能を確保したもの、という位置付けになります。

そのため、建物規模について規制が緩和されるというわけです。

図6-3-1　準耐火と耐火の違いのイメージ図

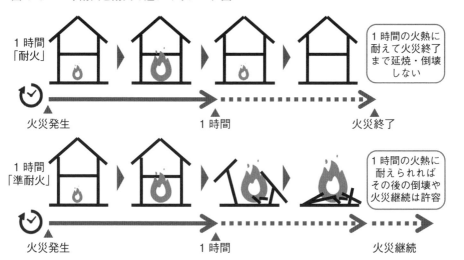

表6-3-1　準耐火の要求耐火時間

性能	壁					床	柱	梁	屋根	軒裏		階段
	外壁			間仕切壁								
	耐力壁	非耐力壁		耐力壁	非耐力壁					延焼のおそれ		
		延焼のおそれ								あり	なし	
		あり	なし									
非損傷性	45分(1時間)	—	—	45分(1時間)	—	45分(1時間)	45分(1時間)	45分(1時間)	30分	—	—	30分
遮熱性	45分(1時間)	45分(1時間)	30分	45分(1時間)	45分(1時間)	45分(1時間)	—	—	—	45分(1時間)	30分	—
遮炎性	45分(1時間)	45分(1時間)	30分	—	—	—	—	—	30分	—	—	—

6-4 鉄骨造の耐火

●そもそも鉄骨造とは？

　鉄骨は人工的に強度を高めた鉄です。ただ純粋な鉄（Iron）ではなく、鉄に炭素を混ぜた鋼（Steel）です。鉄骨造がS造と呼ばれるのもこのSteelの頭文字を取っているからです（I造ではないですね）。鉄骨造は丈夫で軽いため高層ビルでよく採用されます。

　基本的に柱と梁を鉄骨で組み立て、床は鉄筋コンクリートでつくる場合が多いです（図6-4-1）。ここでは柱と梁の非損傷性の話をします。

●火熱による耐力低下

　鉄骨は普通燃えることはないですが、熱には弱いです。金属一般にいえることですが、高温になると伸びる性質があります。火災室の温度は800〜1200℃程度まで上がりますので、ここまでくると鉄骨も伸びてぐにゃぐにゃになります。すると建物の重さを支えられなくなり、建物の崩壊につながります（図6-4-2）。

●耐火被覆で火熱から守る

　鉄骨造では上記のような熱による耐力低下を防ぐために、熱を伝えにくい素材のもので覆います。これを**耐火被覆**といいます（図6-4-1）。耐火被覆は例示仕様（告示に定められた構造で、試験などの必要がない仕様）では、コンクリートやレンガなどで覆う方法が示されていますが、より一般的なのはロックウールを吹き付ける方法です。

　ロックウールは岩からつくられる繊維で、熱を伝えにくく燃えにくい材料です。こちらは試験により性能を確認したものとして国が認定をしたものです。耐火時間に応じて必要な厚さが異なり、1時間耐火であれば25 mm、2時間耐火であれば40 mm、3時間耐火であれば60 mmになります。

　この他、パネルや巻付耐火被覆、耐火塗料などがあり、それぞれの長所短

所を踏まえて被覆材を決定します（図 6-4-3）。

図 6-4-1　鉄骨造の構造部材

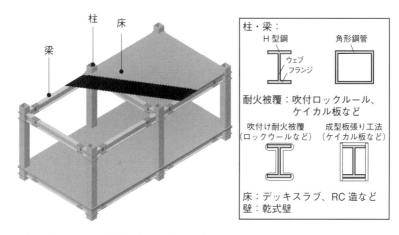

図 6-4-2　熱変形による耐力低下のイメージ

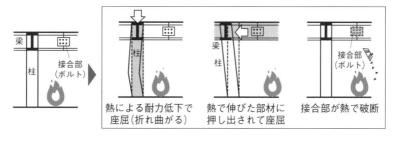

熱による耐力低下で座屈（折れ曲がる）　熱で伸びた部材に押し出されて座屈　接合部が熱で破断

図 6-4-3　被覆の種類と厚さ（NENGO）

吹付け工法	成型板張り工法	巻付け工法	発泡系被覆工法
ロックウールなど を吹き付ける	ケイカル等を箱状 に組み上げる	フェルト状の被覆材 をピンで固定する	発泡性の被覆材 を塗る（貼る）
・下地の形状に寄らず施工が可 ・養生が必要 ・厚さの管理が難しい	・発塵がなく作業環境がよい。 ・内装材を兼ねることができる	・施工が簡便 ・発塵がなく作業環境がよい。 ・柔軟性が良く亀裂が生じにくい	・鋼材のデザインを活かせる ・重ね塗りが必要で工期が長期化

鉄筋コンクリート造の耐火

●そもそも鉄筋コンクリート造とは？

コンクリートの鉄筋を配筋した構造です。コンクリートと鉄筋は材料的に相性がよく、お互いの短所を補い合うことで耐久性を高めた構造といえます。英語で「補強されたコンクリート」を意味する Reinforced Concrete の頭文字を取って **RC造** ともいわれます。遮音性がよく共同住宅でよく採用されます。鉄筋コンクリートは、柱・梁・床で骨組みを構成する場合と、壁と床でフレームを構成する場合があります（図 6-5-1）。

●火熱による耐力低下

鉄筋コンクリートは一般的には火災に強い構造です。熱による耐力低下が大きい鉄筋をコンクリートで覆っているためです。ですがコンクリート自体も熱により劣化で徐々に耐力が低下し、構造上有効な断面が小さくなっていきます。また、鉄筋もコンクリートの表面近くにあると、熱の影響を受けて耐力が低下してしまいます（図 6-5-2）。

●断面の大きさで火熱から守る

コンクリートの耐力低下を考慮して、部材の断面や厚さを大きくすることで、構造耐力上支障がないようにします。また、厚さを確保することで遮熱性も確保できます。耐火構造の例示仕様（国交省告示より定められた構造）でも、部材の断面の大きさや厚みを規定しています（表 6-5-1）。

●かぶり厚さで火熱から守る

鉄筋は「**かぶり厚さ**（コンクリート表面から鉄筋までの最小距離）」を確保することで、熱による耐力低下を防ぎます。このかぶり厚さは耐火性に限らず構造耐力上も重要になるため、建築基準法の構造関係規定でその厚さが定められており、それを満たせば、耐火上も最低限必要な「かぶり厚さ」を

確保することができます。

図 6-5-1　RC 造の構造部材

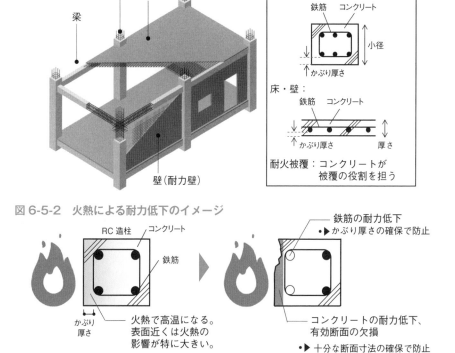

図 6-5-2　火熱による耐力低下のイメージ

表 6-5-1　鉄筋コンクリート造による耐火構造の例示仕様

主要構造部材	必要な耐火性能		例示仕様				
			30分	1時間	2時間	3時間	模式図
壁（耐力壁）	非損傷性	1・2時間	—	厚さ7cm以上	厚さ10cm以上	—	厚さ
	遮熱性	1時間					
	遮炎性	1時間					
床	非損傷性	1・2時間	—	厚さ7cm以上	厚さ10cm以上	—	厚さ
	遮熱性	1時間					
柱	非損傷性	1・2・3時間	—	制限なし	小径25cm以上	小径40cm以上	小径
梁	非損傷性	1・2・3時間		制限なし			
屋根	非損傷性	30分	制限なし	—	—	—	
	遮炎性	30分					
階段	非損傷性	30分	制限なし	—	—	—	

143

●木の燃焼性状

　木造は火に弱いイメージがあります。確かに木造は、鉄筋コンクリート造のようにまったく燃えないわけではありませんが、火に強い性質もあります（図6-6-1）。まず熱を伝えにくい性質があります。例えば、素足で木材の床を歩いても冷たくないのは人体の熱が床材に伝わりにくいためです（コンクリート打ちっぱなしだと冷たいですよね）。火災の熱の場合も同様に、熱が伝わりづらいため温度が急には上がりません。また、木材は内部に水分を含んでいます。そのため加熱されると、まず水分の蒸発に熱エネルギーが消費されるため、水分が蒸発するまでは急激な燃焼はしません。さらに、木材は燃焼すると表面が炭化します。この炭化層が断熱材の役割を果たし、熱を伝えにくくします。

●燃えしろによる準耐火木造

　木造の準耐火建築物では、**燃えしろ設計**という考え方があります。燃えしろ設計は、構造体の表面が燃焼して断面が小さくなっても建物が崩壊しないよう、断面を大きく設計する手法です。表面が炭化するため断熱効果も期待できます。例えば、集成材では、45分準耐火とするためには35 mmの燃えしろ層を確保することで、準耐火性能を確保することができます。燃えしろ層の厚さは燃焼速度から設定されています（図6-6-2）。

●耐火木造

　上記の燃えしろ層だけでは、構造部材が燃焼し続けるため、耐火建築物の「火災終了まで耐える」を満足できません。木造で耐火建築物を実現するためには、①燃えしろ層の下地に燃焼を停止させる材を設ける、②木造に不燃の被覆を施す方法があります（図6-6-3）。また、これらとは別に、③高度な検証によって木造部材に着火しないことを検証する方法もあります。可燃物

の少ない大空間に限られますが、木造部材を被覆などなしで使用できます。最近ではアリーナ施設での適用例が多くあります（図6-6-4）。

図6-6-1　木の火に強い特性

熱を伝えにくいため
温度が上がりづらい

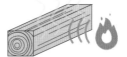

加熱初期はエネルギーが
水分の蒸発に使われるた
め温度が上がりづらい

炭化した部分が断熱材
の役割を果たし温度が
上がりづらい

図6-6-2　もえしろ設計

構造上必要
な断面

燃えしろ層

燃焼しても構造に
支障がない部分
炭化層で断熱

燃焼速度 (mm/分)	×	耐火時間 (分)

集成材：0.75mm/分
製材　：1.0mm/分

図6-6-3　木材を利用した耐火構造部材

燃え止まり型

加熱中は燃えしろ層が
燃焼し、燃え止まり層
で燃焼を停止させる

木部材
燃え止まり層
（不燃木材など）
燃えしろ層（木）

鉄骨内蔵型

加熱中は燃えしろ層が
燃焼する。構造上は鉄
骨で支持する

鉄骨
燃えしろ層（木）

被覆型

木部材を石膏ボードな
どで耐火被覆し燃焼し
ないようにする

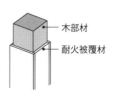

木部材
耐火被覆材

図6-6-4　大空間を生かした耐火木造

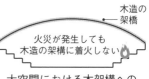

木造の
架橋

火災が発生しても
木造の架構に着火しない

大空間における木架構への
着火検討イメージ

有明体操競技場（清水建設）
大空間を生かした木造耐火建築
物の例。木造の屋根架構に着火
しないことを実験と検証で確認
している

145

●国内で木造は何階建てまで建てられるか

　実は法規的には木造だから何階建てまで可能、といった制限はありません。基本的には特殊建築物であれば3階建以上、防火地域では3階建、準防火地域では4階建以上であれば耐火建築物にする必要がありますので、問題となるのは木造で耐火性能を確保できるかです。逆にいえば、耐火性能さえ確保できれば、何階建てであっても建築可能です。これは前節で述べた燃えしろ設計（準耐火）ではなく、6-1節（耐火性能）で述べた耐火性能が必要である点に注意してください。つまり15階以上であれば、低層階の柱・梁は3時間耐火が必要です。

　では現実問題、木造で3時間耐火の柱梁が可能かというと、一応は可能です。すでに耐火試験を受けて大臣認定を取得している製品もあります。ただし、木材を強化石膏ボードで被覆することで耐火性能を確保していますので、木のデザインを活かした木造という趣旨からは外れます。今後木のデザインを生かしつつ耐火性能を確保した部材の開発や法整備が期待されます。

●高層木造建築の事例

　海外では高層の木造建築物がすでにいくつか建てられています（図6-7-1左・中）。日本は地震大国で消防力を期待しない耐火設計が原則だったこともあり、高層木造建築の実現については、海外の後塵を拝している状況ですが、それでもすでに完成している木造中層建物があります（図6-7-1右）。また、構想段階のプロジェクトも複数あり、住友林業が構想を発表した木造超高層ビルは2041年までの建設を目指して、耐火の木部材の開発を進めることで実現していくようです。完成が楽しみです（図6-7-2）。

図 6-7-1　完成済みの高層木造建築物の事例

ミョーストーネット
（ノルウェー）
高さ：85.4m
階数：18 階
世界一高い木造の複合ビル
（2019 年時点で）。
構造用集成材、CLT などを
使用。2019 年 3 月に完成
（写真　日経クロステック）

ブロックコモンズ（カナダ）
高さ：58.5m　階数：18 階
大学の学生寮。柱や床に木を
使用。工場で作られた部材を
組み立てることで工期短縮。
2017 年完成
（写真　日経アーキテクチュア）

パークウッド（仙台）
高さ：32.8m
階数：10 階
柱・壁・床に木を使用した
共同住宅。国内で初めて 2
時間耐火仕様の CLT 床を
開発・適用。2019 年 2 月
完成（写真　不動産ニュース）

図 6-7-2　近未来超高層木造ビル

住友林業が打ち出す木造の超高層ビルの構想。高さ 350m、地上 70 階建ての複合ビル。
2041 年までに建設予定。耐火の木部材の開発を進める。
（写真　日本経済新聞）

⚠ 防火の性能設計と検証法

2001 年の建築基準法の改正によって、避難安全検証、耐火性能検証、防火区画検証が告示化され、検証により火災安全性を確認することで、設計の自由度を高くすることができるようになりました。

避難安全検証は、居室と階及び全館から避難する間の安全性を確認することで、建築基準法の一部の規定を除外できます。例えば、建築基準法の排煙の規定は、避難中に在館者が煙にまかれないようにすることが目的です。逆にいえば、排煙がなくても安全に避難できる計画であれば、性能的には排煙設備は不要であるという考え方です。適用除外できるのは、高層区画、竪穴区画、異種用途区画、歩行距離、排煙設備、内装制限などです。

耐火性能検証は、柱梁床などの主要構造部が、火災による加熱に耐えられることを検証で確認できれば、そこを耐火構造とみなす制度です。例えば、6-2 節（耐火建築物）の表 6-2-1 に示した要求耐火時間は、建物の階数によって時間が変わっていますが、実際は可燃物が多い部屋の方が火災は長くなりますし、逆に物がほとんどない空間であれば火災は盛期火災にも至らず早期に終了することも考えられます。このように空間の用途や空間形態で決定する火災継続時間に対して、該当部分の主要構造部が火熱に耐えられるだけの性能を満足していればよいという考え方です。これによって鉄骨の被覆をなくしたり、6-6 節（木造の耐火　①燃焼性状と設計法）の図 6-6-3 に示すような、木材を構造部材として使用したりすることができます。

防火区画検証は、面積区画（2-9 節（区画②　防火区画の種類と防火設備））を適用除外する制度です。面積区画は「避難安全検証」でも適用除外できませんが、「防火区画検証」で火災が拡大しないことを確認できれば、区画があるとみなすことができます。可燃物の少ない用途であれば、大空間の設計が可能です。

参考資料-1
過去の火災事例

　ここでは、過去の火災事例をいくつか紹介します。本書の各章で取り上げた特徴的な事例や、その後の法令整備に関わった事例、記憶に新しい事例を中心に 12 事例を取り上げました。

●社会構造の変化に伴う火災被害の変化

　かつての日本、とりわけ江戸は火災の町でした。木造建物が密集していたため、延焼拡大が早く頻繁に大火が起きていました。それが戦後の高度成長期には鉄筋コンクリート造（RC）や鉄骨造（S造）など耐火性能の高い建築物が急増していきました。これら耐火建築物は従来の木造建物が抱える火災への脆弱性を克服するものと考えられていましたが、実際には「金井ビル火災」「千日デパート火災」など火災に強いと思われた建物で多くの死傷者を出しています。これは、耐火性の高い建物では、密閉性が高く、煙が充満しやすいという弱点があったためです。他方、RC造やS造などの新しい構造の登場で、建物の高層化も進んでいました。建物が高層になると、エレベーターシャフトなど長い煙突状の空間を介して、煙が上階に伝搬していきます。その際、出火源から離れた上階の在館者は火災覚知が遅れ、煙が充満し逃げ遅れる危険性があることもわかりました。これらを受けて竪穴区画、それを形成する防火設備、火災の感知や警報のための消防設備の重要性が明らかになり、関連法規の強化が進められました。

　上記は高度経済成長期あたりの話ですが、最近でも同じようなことは起きています。例えば、昨今のインターネットショッピング市場の拡大という社会構造の変化によって、大規模物流倉庫が多く建設されるようになりました。その1つで起きた大規模火災が「三芳町大規模倉庫火災」です。この火災をきっかけとして、段ボールの端材から出火するリスクや、防火シャッターの作動失敗による延焼拡大のリスクなどが再認識され、防火シャッターの告示やコンベアのガイドラインなどが策定されています。

　このように、社会構造の変化によって新たに生まれる火災リスクが、実際の火災を通じて認識されるようになり、法改正や対策が検討されることはしばしばあります。

●防火管理上の不備が大惨事を招く

　防火のために設けた複数の防護柵が、所有者や使用者の都合で無効化されてしまうなど、防火管理上の不備によって大きな被害を出した火災も少なくありません。「ホテルニュージャパン火災」では、配管されていない飾りだ

けのスプリンクラーを設置していたことが問題になりました。また、「歌舞伎町雑居ビル火災」では唯一の避難経路を物品でふさがれ、「福岡市整形外科医院火災」では防火戸が閉まらないように固定されていました。ホテルニュージャパンと歌舞伎町の雑居ビルに至っては、消防署からの指導を受けても無視していました。所有者や使用者の防火に対する意識の低さ、甘さが引き起こした人災といえます。

●放火事件に対する防火対策

「新宿歌舞伎町雑居ビル火災」は放火とみられています。階段に置かれた物品に火がつけられたものと考えられています。放火犯が悪いといえばそこまでですが、建物の所有者や使用者側に、放火される隙があったがかために放火されたとする見方もあります。つまり防火管理を適切に行っていれば、放火そのものを抑止することもできたし、仮に放火されてもそこまで被害は拡大しなかったと考えられます。

一方「京都アニメーション放火殺人事件」は少し様相が異なります。この事件では放火犯がガソリンをまいて放火し、36名が死亡しました。ガソリンによる放火は通常想定される火災と比較してかなり急激な燃焼、大量の煙の発生を伴います。そのため、建物としては防火管理上の不備などはなかったものの、多くの犠牲者が出てしまいました。これに対して、建築基準法上は求められていなかった竪穴区画が仮にあれば、被害が軽減したのではないか、とする見方もあります。建築基準法の規定はあくまで最低限度の規定であることから、放火やテロなど特殊な火災に対応しきれない部分があります。これに備えるためには、法規制に従っているだけでは不十分な場合があるということが再認識されました。

事例	金井ビル火災
発生年月日	昭和 41 年 1 月 9 日
住所	神奈川県川崎市
出火建物	金井ビル　地上 6 階地下 1 階建　耐火建築物（RC 造）
被害	死者 12 名、負傷者 14 名
概要・特徴	間口が狭く上に細く伸びたいわゆるペンシルビルと呼ばれる雑居ビルで発生した火災。3 階のキャバレーから出火して、竪穴区画の不備などの問題で上階に煙が拡散し 12 名が一酸化炭素中毒死した。耐火建築物火災での煙の危険性が認識された火災。同時期に起きた他の火災の影響と合わせて、さまざまな防火関係規定が強化されるきっかけとなった。
影響	竪穴区画などの規制強化、防火戸の自動閉鎖、2 以上の直通階段の設置、内装制限の強化など。
本文参照	

事例	千日デパート火災
発生年月日	昭和 47 年 5 月 13 日
住所	大阪府大阪市南区難波
出火建物	千日デパート　地上 7 階地下 1 階建　耐火建築物（RC 造（一部 S 造））
被害	死者 118 名、負傷者 78 名
概要・特徴	低層部にデパート、高層部に劇場やキャバレーを有する複合ビルで起きた日本のビル火災史上最悪の火災。改装工事中のデパート 3 階衣料品売り場付近から出火した。改装作業員のたばこの不始末とみられる。火災はエスカレーターの防火シャッターが作動しなかったことで、2 階、4 階に延焼拡大した。これにより発生した大量の煙が設備ダクトや EV シャフトを介して、営業中の 7 階キャバレーに侵入した。7 階には火災の連絡がいかず、逃げ遅れた利用客や従業員計 118 名が死亡。内、一酸化炭素中毒死が 93 名であった。煙から逃れるために 7 階から飛び降りて死亡した者もいた。
影響	消防用設備などの強化、消防用設備などの維持管理及び防火管理体制の強化、複合防火対象物の消防用設備など設置の強化。
本文参照	5-4 節（消防用設備等の点検）

事例	大洋デパート火災
発生年月日	昭和 48 年 11 月 29 日
住所	熊本県熊本市下通
出火建物	大洋デパート　地上 13 階地下 1 階建　耐火建築物（RC 造）
被害	死者 103 名、負傷者 124 名
概要・特徴	隣接するビルの改修・増築工事中に発生した火災。2 階、3 階の間の階段踊り場に置かれた段ボールが火元となった。出火原因は不明。従業員が初期消火を試みるも、消火器や消火ホースの設備的な不備で消火に失敗。また、工事中であったためにスプリンクラーも作動しない状態であった。消防から消防設備の不備について指摘されていたが、是正されていなかった。工事を行っていた隣接するビルの協力で消防設備などを更新する予定で、その最中に起きた火災であった。階段やエスカレーターのシャッターが閉鎖せずに各階に延焼拡大した。
影響	消防用設備などの強化、消防用設備などの維持管理及び防火管理体制の強化など。
本文参照	5-4 節（消防用設備等の点検）

事例	ホテルニュージャパン火災
発生年月日	昭和 57 年 2 月 8 日
住所	東京都千代田区永田町
出火建物	ホテルニュージャパン　地上 10 階地下 2 階建　耐火建築物（RC 造）
被害	死者 33 名、負傷者 34 名
概要・特徴	9 階の宿泊客の寝たばこが原因で発生した火災。9 階と 10 階に火災が広がった。スプリンクラー設備の非設置（ダミーが設置されていた）、竪穴区画を形成する防火扉の非設置、区画の施工不備などから、延焼拡大が早かったと考えられる。逃げ場をなくした 9 階、10 階の宿泊客は客室や廊下で焼死した他、窓から飛び降り死亡した者も 13 名いた。消防設備などの非設置など防火上の不備が多数あった点について消防署から指導を受けていたが無視していた。
影響	―
本文参照	―

事例	新宿歌舞伎町雑居ビル火災
発生年月日	平成 13 年 9 月 1 日
住所	東京都新宿歌舞伎町
出火建物	明星 56 ビル　地上 4 階地下 2 階建　耐火建築物（S 造）
被害	死者 44 名
概要・特徴	こちらもペンシルビルの雑居ビルで発生した火災。1 か所しかない階段が各テナントの物置として使用されており、3 階の階段に置かれた物品が火元になった（放火の疑い）。死者は 3 階と 4 階にいた利用客と従業員で、いずれも一酸化炭素中毒で死亡した。いずれの階も階段室と専有部間に防火設備が設けられていたが、閉鎖しなかった。その他、複数のテナントで防火管理者未選任、訓練未実施など防火管理上の不備が多数あり、消防から指摘されていた。
影響	防火対象物点検報告制度が創設
本文参照	2-6 節（避難経路）、5-3 節（防火対象物点検）

事例	福岡市整形外科医院火災
発生年月日	平成 25 年 10 月 11 日
住所	福岡県福岡市博多区住吉
出火建物	診療所兼住宅　地上 4 階地下 1 階建　耐火建築物（RC 造（一部 S 造））
被害	死者 10 名、負傷者 5 名
概要・特徴	整形外科医院の 1 階処置室で出火し、入院患者 8 名と住んでいた夫婦 2 名が死亡した火災。竪穴区画を形成するための防火戸計 7 枚が閉鎖せず、病室や居室のある上階に煙が拡散した。階段室の竪穴区画を形成する上階の防火戸の一部は紐やくさびによって固定され、火災時に閉鎖されないような状態であった。また、建物は増築時に建築確認の申請を行っておらず、感知器が旧式のままであったこと、増築部に設置されるべき防火戸が非設置だったことなどが問題となった。
影響	防火設備定期検査報告制度の創設
本文参照	5-5 節（防火設備用定期検査報告）

事例	糸魚川市大規模火災
発生年月日	平成 28 年 12 月 22 日
住所	新潟県糸魚川市
出火建物	ラーメン店
被害	負傷者 17 名、焼損棟数 147（全焼 120、半焼 5、部分焼 22）
概要・特徴	ラーメン店がコンロを消し忘れたことで発生した火災からはじまり、広範囲に延焼拡大した市街地火災。木造密集市街地であったことに加えて火災当日の強風の影響で大火に発展した。死者は出ていないが、120 棟が全焼した。火災建物から隣接建物に延焼するだけでなく、強風に乗って飛ばされた火の粉が遠く離れた木造家屋の屋根に落下後、火の粉が風に煽られ瓦屋根の隙間などから、屋内の木造部分に着火し延焼するという現象が同時多発的に発生した。 焼損範囲
影響	―
本文参照	2-11 節（隣接建物への延焼防止）

事例	三芳町倉庫火災
発生年月日	平成 29 年 2 月 16 日〜2 月 28 日
住所	埼玉県三芳町
出火建物	アスクルロジパーク首都圏　地上 3 階建て　RC 造・S 造
被害	負傷者 2 名
概要・特徴	大規模物流倉庫で発生した火災。火元となった 1 階の端材室（廃段ボール置き場）から、2、3 階に延焼してそのほとんどが焼損した。2、3 階は 1500 m² ごとに防火シャッターで面積区画していたが、シャッターがうまく機能しなかったため、火災が広がった。シャッターは直下のベルトコンベアに接触して閉鎖障害が起きた箇所や、火炎の熱で電気系統がショートしたことでそもそも作動しなかった箇所が多数あった。鎮火までに 12 日間を要したが、これは倉庫という用途上多量の可燃物があったこと、区画形成が失敗しフロア全体に延焼したこと、窓が少なく酸欠状態になっていたためにゆっくり燃焼したこと、また、窓が少なく消火活動が困難だったことなどが原因とみられる。
影響	防火シャッターの告示改正、維持保全計画が必要な対象建物の範囲拡大、コンベヤに関するガイドライン策定など。
本文参照	1-4 節（火災進展のメカニズム）

事例	ロンドン高層住宅火災
発生年月日	平成 29 年 6 月 14 日
住所	イングランドロンドン
出火建物	グレンフェル・タワー　地上 24 階地下 1 階建
被害	死者 70 名、負傷者 78 名
概要・特徴	イギリスで戦後最悪の火災となった高層住宅火災。5 階住戸で火災が発生し、外壁が延焼経路となって次々上階延焼していった。外壁は火災発生の前年の修繕工事で環境負荷低減のために用いられた断熱材の影響で、燃焼しやすかったものとみられる。また、避難については、ロンドンの消防本部の指示で、自宅以外での火災の際は自宅にとどまることが原則とされており、これに従った住民の避難開始が遅れ、その間の延焼拡大によって 1 か所しかない内部階段側に煙が充満していった。
影響	―
本文参照	―

事例	ノートルダム大聖堂火災
発生年月日	平成 31 年 4 月 15 日
住所	フランスパリ
出火建物	ノートルダム寺院
被害	負傷者 0 名
概要・特徴	ユネスコ世界遺産に登録されているパリのノートルダム大聖堂で発生した火災。尖塔と屋根が焼け落ちた。出火原因は明らかにされていないが、行われていた修復工事が関連しているとみられる。これを受けて日本国内でも文化財の消火設備の設置状況に関する緊急調査が行われ、その後「国宝・重要文化財の防火対策ガイドライン」が公表された。
影響	国宝・重要文化財の防火対策ガイドラインの策定
本文参照	―

事例	京都アニメーション放火事件
発生年月日	令和元年 7 月 18 日
住所	京都府京都市伏見区
出火建物	京都アニメーション第一スタジオ　地上 3 階建て　RC 造
被害	死者 36 名、負傷者 33 名
概要・特徴	放火犯がアニメーションスタジオに侵入し 1 階玄関でガソリンを散布して放火した殺人事件。爆炎とそれによる大量の煙が螺旋階段から 2、3 階に広がった。建物は規模や構造から螺旋階段での竪穴区画の設置は義務ではなかったが、竪穴区画を形成する防火設備があれば、被害は抑えられたとする見方が強い。その他建築基準法や消防法上の不備などはなかったが、法令はあくまで最低限の基準であり、本事例のような火災に対応するためには法令順守だけでは不十分であることが浮き彫りになった。
影響	―
本文参照	―

事例	首里城火災
発生年月日	令和元年 10 月 31 日
住所	沖縄県那覇市
出火建物	首里城　正殿、北殿、南殿・番所、奥書院など　木造、RC 造
被害	負傷者 0 名
概要・特徴	ユネスコ世界遺産に登録されている首里城の正殿で出火し、周囲の北殿、南殿・番所など計 9 施設が焼損、収蔵品 400 点が焼失した。電気系統が出火原因だとみられる。施設には消火器や屋外消火栓、放水銃があったが、放水銃 4 基のうち、1 基は使用できなかった。放水銃を使った消火訓練は未実施だった（12 月に実施予定だった）。また、屋内にスプリンクラー設備はなかった。施設は長らく続いた復元工事が終了してわずか 1 年でのことであった。また、2 か月ほど前に文化財の防火対策ガイドラインが策定したばかりであった。
影響	―
本文参照	―

⚠ 消防隊員の連絡を助ける無線通信補助設備

　消火活動を行う隊員の補助となる設備として、無線通信補助設備というものがあります。消火活動では、消火活動を効果的に行うために隊員同士の連絡用として無線機を使用することが多いです。しかし、地下街で使用する際に、電波が弱くなり、確実な無線連絡が行うことができず、救助活動に支障をきたしてしまうことがあります。そうしたことが起きてしまわないために、防災センターなどに消防専用の端子を設けておき、消防隊が持参した無線機などを接続すると無線連絡ができるようにする設備が**無線通信補助設備**です。

　電波の不感知帯である地下などの移動局と、地上の基地局との間で無線連絡を行うシステムで、主に地下街、ビル地階、地下駐車場、地下鉄道などに設けられます。補助設備という名称がついていますが、消火活動だけでなく警察の保安活動においても重要な役割を担います。規定が消防法施行令第29条に示されており、一定の延べ床面積（延べ床面積 1,000 m^2 以上）での地下街での設置の義務付けなどがあります。また、設置の際は、点検に便利な場所で、なおかつ、火災などの災害による被害を受ける恐れが少ないように設ける必要があるので、計画の際は気をつけなければなりません。

　防災無線システムは、地上及び防災センター（管理室）などに設置された無線機接続端子と同軸ケーブルおよび分配器などの機器を介して、地下街などの天井に設置された耐熱形 LCX ケーブル（耐熱形漏洩同軸ケーブル）もしくは、耐熱形アンテナとで構成されています。なお、使用される周波数帯は、主に消防無線が 150、260、470 MHz 帯、警察無線が 360 MHz 帯であり、これらを共有する場合は、相互に支障をきたすことのないように共用器を使用するなどの配慮が必要になります。

参考資料-2
消防法施行令
別表第一

　「消防法施行令別表第一」は、消防設備業務を行う際には、必須の内容です。施行令別表は、防火対象物の用途別分類されています。

項別		防火対象物の用途等
(1)	イ	劇場、映画館、演芸場又は観覧場
	ロ	公会堂又は集会場
(2)	イ	キャバレー、カフェー、ナイトクラブその他これらに類するもの
	ロ	遊技場又はダンスホール
	ハ	風俗営業等の規制及び業務の適正化等に関する法律第2条第5項に規定する性風俗関連特殊営業を営む店舗（二並びに（1）項イ、（4）項、（5）項イ及び（9）項イに掲げる防火対象物の用途に供されているものを除く。）その他これに類するものとして総務省令で定めるもの
	ニ	カラオケボックスその他遊興のための設備又は物品を個室（これに類する施設を含む。）において客に利用させる役務を提供する業務を営む店舗で総務省令で定めるもの
(3)	イ	待合、料理店その他これらに類するもの
	ロ	飲食店
(4)		百貨店、マーケットその他の物品販売業を営む店舗又は展示場
(5)	イ	旅館、ホテル、宿泊所その他これらに類するもの
	ロ	寄宿舎、下宿又は共同住宅
(6)	イ	病院、診療所又は助産所 ※平成28年4月1日以降は以下に分類。* 次に掲げる防火対象物 * （1）次のいずれにも該当する病院（火災発生時の延焼を抑制するための消火活動を適切に実施することができる体制を有する者として総務省令で定めるものを除く。） （i）診療科目中に特定診療科名（内科、整形外科、リハビリテーション科その他の総務省令で定める診療科名をいう。（2）（i）において同じ。）を有すること。 （ii）医療法（昭和23年法律第205号）第7条第2項第4号に規定する療養病床又は同項第5号に規定する一般病床を有すること。 （2）次のいずれにも該当する診療所 （i）診療科名中に特定診療科名を有すること。 （ii）4人以上の患者を入院させるための施設を有すること。 （3）病院（(1)に掲げるものを除く。）、患者を入院させるための施設を有する診療所（(2)に掲げるものを除く。）又は入所施設を有する助産所 （4）患者を入院させるための施設を有しない診療所又は入所施設を有しない助産所

項別		防火対象物の用途等
	ロ	次に掲げる防火対象物 (1)老人短期入所施設、養護老人ホーム、特別養護老人ホーム、軽費老人ホーム（介護保険法（平成9年法律第123号）第7条第1項に規定する要介護状態区分が避難が困難な状態を示すものとして総務省令で定める区分に該当する者（以下「避難が困難な要介護者」という。）を主として入居させるものに限る。）、有料老人ホーム（避難が困難な要介護者を主として入居させるものに限る。）、介護老人保健施設、老人福祉法（昭和38年法律第133号）第5条の2第4項に規定する老人短期入所事業を行う施設、同条第5項に規定する小規模多機能型居宅介護事業を行う施設（避難が困難な要介護者を主として宿泊させるものに限る。）、同条第6項に規定する認知症対応型老人共同生活援助事業を行う施設その他これらに類するものとして総務省令で定めるもの (2)救護施設 (3)乳児院 (4)障害児入所施設 (5)障害者支援施設（障害者の日常生活及び社会生活を総合的に支援するための法律（平成17年法律第123号）第4条第1項に規定する障害者又は同条第2項に規定する障害児であって、同条第4項に規定する障害支援区分が避難が困難な状態を示すものとして総務省令で定める区分に該当する者（以下「避難が困難な障害者等」という。）を主として入所させるものに限る。）又は同法第5条第8項に規定する短期入所若しくは同条第15項に規定する共同生活援助を行う施設（避難が困難な障害者等を主として入所させるものに限る。ハ(5)において「短期入所等施設」という。）
	ハ	次に掲げる防火対象物 (1) 老人デイサービスセンター、軽費老人ホーム（ロ(1)に掲げるものを除く。）、老人福祉センター、老人介護支援センター、有料老人ホーム（ロ(1)に掲げるものを除く。）、老人福祉法第5条の2第3項に規定する老人デイサービス事業を行う施設、同条第5項に規定する小規模多機能型居宅介護事業を行う施設（ロ(1)に掲げるものを除く。）その他これらに類するものとして総務省令で定めるもの (2)更生施設 (3)助産施設、保育所、児童養護施設、児童自立支援施設、児童家庭支援センター、児童福祉法（昭和22年法律第164号）第6条の3第7項に規定する一時預かり事業又は同条第9項に規定する家庭的保育事業を行う施設その他これらに類するものとして総務省令で定めるもの (4)児童発達支援センター、情緒障害児短期治療施設又は児童福祉法第6条の2第2項に規定する児童発達支援若しくは同条第4項に規定する放課後等デイサービスを行う施設（児童発達支援センターを除く。）

項別		防火対象物の用途等
	ハ	(5)身体障害者福祉センター、障害者支援施設（ロ(5)に掲げるものを除く。）、地域活動支援センター、福祉ホーム又は障害者の日常生活及び社会生活を総合的に支援するための法律第5条第7項に規定する生活介護、同条第8項に規定する短期入所、同条第12項に規定する自立訓練、同条第13項に規定する就労移行支援、同条第14項に規定する就労継続支援若しくは同条第15項に規定する共同生活援助を行う施設（短期入所等施設を除く。）
	ニ	幼稚園又は特別支援学校
(7)		小学校、中学校、高等学校、中等教育学校、高等専門学校、大学、専修学校、各種学校その他これらに類するもの
(8)		図書館、博物館、美術館その他これらに類するもの
(9)	イ	公衆浴場のうち、蒸気浴場、熱気浴場その他これらに類するもの
	ロ	イに掲げる公衆浴場以外の公衆浴場
(10)		車両の停車場又は船舶若しくは航空機の発着場（旅客の乗降又は待合いの用に供する建築物に限る。）
(11)		神社、寺院、教会その他これらに類するもの
(12)	イ	工場又は作業場
	ロ	映画スタジオ又はテレビスタジオ
(13)	イ	自動車車庫又は駐車場
	ロ	飛行機又は回転翼航空機の格納庫
(14)		倉庫
(15)		前各項に該当しない事業場
(16)	イ	複合用途防火対象物のうち、その一部が（1）項から（4）項まで、（5）項イ、（6）項又は（9）項イに掲げる防火対象物の用途に供されているもの
	ロ	イに掲げる複合用途防火対象物以外の複合用途防火対象物
(16の2)		地下街
(16の3)		建築物の地階（（16の2）項に掲げるものの各階を除く。）で連続して地下道に面して設けられたものと当該地下道とを合わせたもの（（1）項から（4）項まで、（5）項イ、（6）項又は（9）項イに掲げる防火対象物の用途に供される部分が存するものに限る。）

項別	防火対象物の用途等
(17)	文化財保護法の規定によって重要文化財、重要有形民俗文化財、史跡若しくは重要な文化財として指定され、又は旧重要美術品等の保存に関する法律の規定によって重要美術品として認定された建造物
(18)	延長 50 メートル以上のアーケード
(19)	市町村長の指定する山林
(20)	総務省令で定める舟車

⚠ 最新技術を活用した避難誘導

　避難誘導方法の代表的なものとして、自動火災報知設備、非常放送設備、誘導灯・誘導標識などがありました。しかし最近では、技術の進歩と社会の変化によって誘導方法も進化してきています。

　2018 年に総務省消防庁より「外国人来訪者や障害者等が利用する施設における災害情報の伝達及び避難誘導に関するガイドライン」が出されました。2020 年に開催予定だった東京オリンピック・パラリンピックに向けて、外国人や障害者の方々など、旧来の避難誘導では必ずしも効果的に避難誘導できない人達に配慮した避難誘導を行うように策定されたガイドラインです。この中でいくつかの誘導方法が示されています。

　その 1 つにデジタルサイネージを活用した避難誘導があります。デジタルサイネージとは電子看板のことで、最近では電車内、駅構内、商業施設などさまざまな場所で目にするようになりました。通常は広告やニュース、天気予報などを表示するものが多いですが、これを災害時の避難誘導に活用しようというものです。特にデジタルサイネージは表示面が大きいため、火災の情報を多言語で表示したり、避難すべき方向を記号で示したりすることが可能です。災害の種類や発生場所に応じて表示方法を変えることも可能です。

　この他にも、スマートフォンやタブレットのアプリを活用した避難誘導や、多言語での非常放送、翻訳機能付きの拡声器、光を発する警報装置などもあり、誰でもが容易に災害情報を入手し避難できる社会になりつつあります。

参考資料2　消防法施行令別表第1

❗ クリティカルユースによるハロン消火設備の活用

　ガス消火設備として、用いられるガスには、二酸化炭素や窒素、IG-541、IG-55、ハロゲン化物がありました。酸素濃度を下げることで消火し、消火剤による汚染、破損が少なくなり、復旧においても迅速に行うことが可能であるため、電気室やサーバー室（電算機室）といった精密機械が使用されている室や美術館や博物館といった用途で用いられています。中でもハロン消火剤（ハロン1301）は、ガス系消火剤の中で唯一有人下での使用が可能であり、消火能力が高く、使用後の水損、汚染、破損を防止でき、毒性が低いため、人体への影響を少なくすることができるものでした。

　しかし、ハロン消火剤は、ハロンがオゾン層を破壊する性質があるとされ、1985年のオゾン層保護に関する条約のウィーン条約に基づき、1987年のモントリオール議定書において、オゾン層破壊物質として指定され、生産・消費および貿易に規制が設けられました。国内においても生産全廃などの措置や法整備が行われました。そして、2000年には国家ハロンマネジメント戦略が策定され、2001年には消防予第155号（2014年改正）により、防火安全上必要な用途における使用（クリティカルユース）に対しては、ハロン消火設備などの新設を認められ、既設設備においてもクリティカルユース、建物ライフサイクルコストを考慮し補充が可能であることが明確に示されました。また、ハロン消火剤の新規生産は行うことができないため、不使用になったハロンは適切に回収し、再利用可能な場合は保管し、供給されます。

　ハロン消火剤は適切に管理を行うことで、むやみに使用することを抑えながら、必要不可欠な用途（クリティカルユース）に対して使用が可能です。現在、安全上と有効性の観点から、ハロンと同等の特性を持ち、代替となる消火剤がないため、ハロンの持つ特性を十分に理解したうえで、活用することが求められています。

参考資料-3
消防庁 令和元年(1～12月) における火災の概要(概数)

令和元年中の火災の状況について、1月から12月までの概数値を掲載します。総出火件数は、1日あたり14分ごとに1件の火災が発生したことになります。

1　総出火件数

　総出火件数は、37,538 件でした。これは、おおよそ 1 日あたり 103 件、14 分ごとに 1 件の火災が発生したことになります。火災種別でみますと、建物火災が 20,915 件、林野火災が 1,395 件、車両火災が 3,580 件、船舶火災が 69 件、航空機火災が 1 件、その他火災が 11,578 件でした。

2　火災による総死者数

　火災による総死者数は、1,477 人でした。火災による死者の火災種別では、建物火災が 1,191 人、林野火災が 11 人、車両火災が 101 人、船舶火災が 0 人、航空機火災が 1 人、その他火災が 173 人となっています。

　また、火災による負傷者数は 5,814 人となっています。火災による負傷者の火災種別では、建物火災が 4,842 人、林野火災が 112 人、車両火災が 222 人、船舶火災が 23 人、航空機火災が 1 人、その他火災が 614 人となっています。

3　住宅火災による死者（放火自殺者等を除く。）

　建物火災における死者 1,191 人のうち住宅（一般住宅、共同住宅及び併用住宅）火災における死者は、958 人で、さらにそこから放火自殺者等を除くと、858 人となっています。

　なお、建物火災の死者に占める住宅火災の死者の割合は、80.4％で、出火件数の割合 51.1％と比較して非常に高くなっています。

4　住宅火災による死者（放火自殺者等を除く。）

　住宅火災による死者（放火自殺者等を除く。）858 人のうち、65 歳以上の高齢者は 627 人（73.1％）でした。住宅火災における死者の発生した経過別死者数では、逃げ遅れ 425 人、着衣着火 44 人、出火後再進入 13 人、その他 376 人となっています。

5　出火原因の第 1 位

　総出火件数の 37,538 件を出火原因別にみると、「たばこ」3,557 件（9.5％）、「たき火」2,911 件（7.8％）、「こんろ」2,890 件（7.7％）、「放火」2,719 件（7.2％）、

「放火の疑い」1,787件（4.8%）の順となっています。「放火」及び「放火の疑い」を合わせると4,506件（12.0%）で、件数が多い主な都道府県は、東京都635件（15.4%（各都道府県における割合、以下同じ。））、神奈川県382件（19.9%）、愛知県332件（16.5%）、大阪府322件（16.1%）、埼玉県311件（16.7%）の順となっており、大都市を抱える都府県で高い割合を示しています。

　火災種別での出火原因を件数が多い順にみると、建物火災20,915件にあっては、「こんろ」2,836件（13.6%）、「たばこ」2,042件（9.8%）、「放火」1,260件（6.0%）、「電気機器」1,249件（6.0%）、「配線器具」1,164件（5.6%）の順となっています。

　林野火災1,395件では、「たき火」434件（31.1%）、「火入れ」261件（18.7%）、「たばこ」76件（5.4%）、「放火の疑い」73件（5.2%）、「放火」34件（2.4%）の順となっています。

　車両火災3,580件では、「排気管」600件（16.8%）、「交通機関内配線」322件（9.0%）、「電気機器」235件（6.6%）、「放火」174件（4.9%）、「たばこ」167件（4.7%）の順となっています。

　船舶火災69件では、「電気機器」6件（8.7%）、「排気管」5件（7.2%）、「電灯電話等の配線」5件（7.2%）、「溶接機・切断機」5件（7.2%）、「配線器具」4件（5.8%）の順となっています。

　航空機火災1件では、「不明・調査中」1件（100.0%）となっています。その他火災11,578件では、「たき火」1,993件（17.2%）、「火入れ」1,289件（11.1%）、「たばこ」1,270件（11.0%）、「放火」1,250件（10.8%）、「放火の疑い」930件（8.0%）の順となっています。

6　消防庁の対策について

住宅防火対策への取組み

　令和元年（1〜12月）の住宅火災による死者（放火自殺者等を除く。）は、858人となっています。このうち65歳以上の高齢者は、627人（73.1%）で、7割を超えています。

　平成16年の消防法改正により、住宅用火災警報器の設置が、新築住宅については平成18年6月から義務化され、既存住宅についても平成23年6月

を期限に、各市町村の条例に基づき、すべての市町村において義務化されました。消防庁では、住宅防火・防災キャンペーンや春・秋の全国火災予防運動などの機会を捉え、報道機関などと連携し、特に住宅用火災警報器の点検・交換などの維持管理の重要性について啓発活動を行った他、防炎品や住宅用消火器などの普及促進活動を行い、総合的な住宅防火対策を推進しています。

　また、全国の消防本部においても、「住宅用火災警報器設置対策会議」において決定された「住宅用火災警報器設置対策基本方針」を踏まえ、防団、女性（婦人）防火クラブ、自主防災組織等と協力して住宅用火災警報器の設置の徹底及び維持管理の促進のための各種取組を展開しています。

放火火災防止への取組

　令和元年（1 ～ 12 月）の放火及び放火の疑いによる火災は、4,506 件で、全火災の 12.0% を占めており、依然として高い割合になっています。

　消防庁では、「放火火災防止対策戦略プラン」（参照 URL:https://www.fdma.go.jp/mission/prevention/suisin/post22.html）を活用し、目標の設定、現状分析、達成状況の評価というサイクルで地域全体の安心・安全な環境が確保されるような取組を継続的に行うことで、放火火災に対する地域の対応力を向上させることなどを推進しています。

林野火災防止への取組

　林野火災の件数は、1,395 件で、延べ焼損面積は約 813 ha となっています。例年、空気が乾燥する春において、林野火災が多発していることから、毎年、林野庁と共同で火災予防意識の啓発を図り、予防対策強化等のため、春季全国火災予防運動期間中の 3 月 1 日から 7 日までを全国山火事予防運動の実施期間とし、平成 31 年は「忘れない豊かな森と火の怖さ」という統一標語の下、さまざまな広報活動を通じて山火事の予防を呼び掛けました。

図 過去10年間の火災の推移

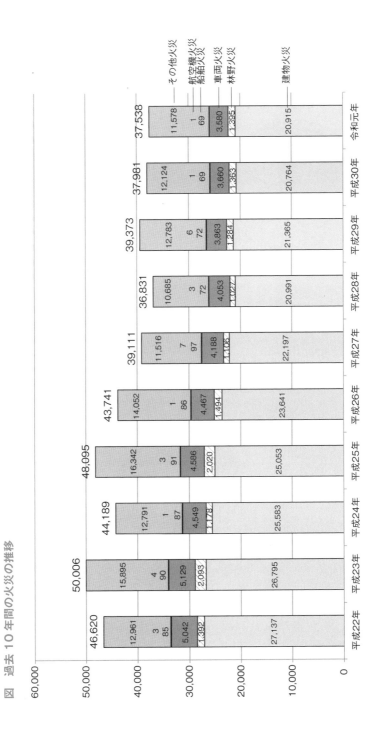

	平成22年	平成23年	平成24年	平成25年	平成26年	平成27年	平成28年	平成29年	平成30年	令和元年
合計	46,620	50,006	44,189	48,095	43,741	39,111	36,831	39,373	37,981	37,538
その他火災	12,961	15,895	12,791	16,342	14,052	11,516	10,685	12,783	12,124	11,578
航空機火災	3	4	1	3	1	7	3	6	1	1
船舶火災	85	90	87	91	86	97	72	72	69	69
車両火災	5,042	5,129	4,549	4,586	4,467	4,188	4,053	3,863	3,660	3,580
林野火災	1,392	2,093	1,178	2,020	1,494	1,106	1,027	1,284	1,363	1,395
建物火災	27,137	26,795	25,583	25,053	23,641	22,197	20,991	21,365	20,764	20,915

図　令和元年（1月〜12月）における火災の状況（概数）

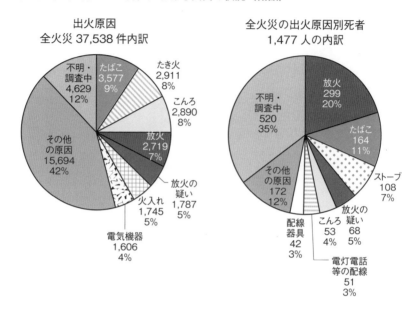

出火原因
全火災 37,538 件内訳

不明・調査中 4,629 12%
たばこ 3,577 9%
たき火 2,911 8%
こんろ 2,890 8%
放火 2,719 7%
その他の原因 15,694 42%
放火の疑い 1,787 5%
火入れ 1,745 5%
電気機器 1,606 4%

全火災の出火原因別死者
1,477 人の内訳

不明・調査中 520 35%
放火 299 20%
たばこ 164 11%
ストーブ 108 7%
その他の原因 172 12%
配線器具 42 3%
こんろ 53 4%
放火の疑い 68 5%
電灯電話等の配線 51 3%

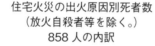

住宅火災の出火原因別死者数
（放火自殺者等を除く。）
858 人の内訳

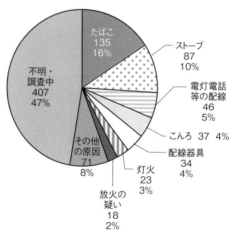

たばこ 135 16%
ストーブ 87 10%
電灯電話等の配線 46 5%
こんろ 37 4%
配線器具 34 4%
灯火 23 3%
放火の疑い 18 2%
その他の原因 71 8%
不明・調査中 407 47%

●参考図書

『建築防災計画の考え方・まとめ方』 防災研究会 AFRI　オーム社

『最新　消防法の基本と仕組みがよ~くわかる本』 防災研究会 AFRI　秀和システム

『図解　よくわかる消防設備』 防災研究会 AFRI　日本実業出版社

『図解　よくわかる　火災と消火・防火のメカニズム』 小林恭一、鈴木和男、向井幸雄、加藤秀之、渋谷美智子、清水友子　日刊工業新聞社

『新・建築防災計画指針－建築物の防火・避難計画の解説書－』 建設省住宅局建築指導課、日本建築主事会議 日本建築センター

『建築火災安全設計の考え方と基礎知識』 日本建築学会　丸善

『2001 年　避難安全検証法の解説及び計算例とその解説』 国土交通省住宅局建築指導課、国土交通省建築研究所、日本建築主事会議、日本建築センター、防火材料等関係団体協議会　海文堂出版

『2001 年　耐火性能検証法の解説及び計算例とその解説』 国土交通省住宅局建築指導課、国土交通省建築研究所、日本建築主事会議、日本建築センター、防火材料等関係団体協議会　海文堂出版

『建築火災のメカニズムと火災安全設計』 原田和典　日本建築センター

『改訂版　建築火災安全工学入門』 田中哮義　日本建築センター

『1987 年度版　新・排煙設備技術指針』建設省住宅局建築指導課　日本建築センター

『これ 1 冊ですべてわかる　防火管理者・防災管理者の役割と仕事　災害時の対応法までを徹底解説』 東京防災設備保守協会

『防火管理者必携　防火・防災安全計画 Q&A』 オーム社

『特殊建築物から戸建住宅まで　耐火木造 [計画・設計・施工] マニュアル』 佐藤考一、小見康夫、呉東航、栗田紀之、A/E　WORKS　エクスナレッジ

『100 万人の給排水』 小川正晃編著　瀬谷昌男イラスト　オーム社

『図解入門　よくわかる最新配管設備の基本と仕組み』土井巌著　秀和システム

『機械設備工事監理指針　平成 31 年版』（一社）公共建築協会編集　国土交通省大臣官房官庁営繕部監修

『公共建築設備工事標準図（機械設備工事編）平成 31 年版』 国土交通省大臣官房官庁営繕部

『配管技能講習会資料』 NPO 給排水設備研究会

『イラストでわかる建築設備』 山田信亮、打矢瀅二、中村守保、菊地至　ナツメ社

『給排水衛生設備計画設計の実務の知識』 空気調和・衛生工学会　オーム社

『図解入門　現場で役立つ管工事の基本と実際』（監修）西川豊宏、原 英嗣、（執筆）持田正憲、嶋田成二、渡辺忍、村澤達、堀一仁、冨田仁、藤平三千男、青木一義、内山稔、結城昌博　秀和システム

『建築消防　advice 2019』建築消防実務研究会（編集）新日本法規

●参考論文等

『大規模木造建築の防耐火設計』　安井昇　建築の試験・研究情報誌　日本建築総合試験所機関紙
Vol.40 No.4 pp.7-18

『火災による熱を受けたコンクリートの化学的変化に関する検討』　吉田夏樹、新大軌、木野瀬透、
奥村勇馬　建築の試験・研究情報誌　日本建築総合試験所機関紙　Vol.44 No.1 pp.22-28

『建築分野の耐火技術の設計　鉄筋コンクリート造の耐火技術と設計』　宮本圭一　コンクリート
工学　Vol.45　No.9　pp.43-47

『火災事例　我が国の戦後の火災史概観』　山田常圭　コンクリート工学　Vol.45　No.9　pp.14-
20

『創刊50周年記念　－災害と法改正で振り返る50年－』　近代消防　2013年8月号　pp.90-
101

『糸魚川市大規模火災について考える』　関沢愛　消防科学と情報　消防科学総合センター
No.128　2017（春季）pp.43-47

『感知器を使い分けて早期覚知へ－消防法外の設備も駆使して火災を警戒－』　後藤治　日経アー
キテクチャー　2020年2月13日号　pp.58-61

用語索引

用語索引

■著者紹介

浅川　新（あさかわ　あらた）

早稲田大学大学院創造理工学研究科建築学専攻卒業。修士（工学）。
株式会社ユニ設備設計にて設備設計に従事。
執筆担当：第3章、第4章

榎本　満帆（えのもと　みつほ）

早稲田大学大学院創造理工学研究科建築学専攻卒業。修士（工学）、一級建築士。
株式会社明野設備研究所にて防火設計に従事。
執筆担当：第1章、第2章、第3章、第5章、第6章

●装丁　　　　中村友和（ROVARIS）
●編集＆DTP　株式会社エディトリアルハウス

しくみ図解シリーズ

防火・消火・耐火が一番わかる

2021年1月22日　初版　第1刷発行

著　者　　浅川　新、榎本満帆
発行者　　片岡　巌
発行所　　株式会社技術評論社
　　　　　東京都新宿区市谷左内町 21-13
　　　　　電話　03-3513-6150　販売促進部
　　　　　　　　03-3267-2270　書籍編集部
印刷／製本　加藤文明社

定価はカバーに表示してあります。

ISBN978-4-297-11763-4　C3058

Printed in Japan

本書の内容に関するご質問は、下記の宛先まで書面にてお送りください。お電話によるご質問および本書に記載されている内容以外のご質問には、一切お答えできません。あらかじめご了承ください。

〒162-0846
新宿区市谷左内町 21-13
株式会社技術評論社 書籍編集部
「しくみ図解」係
FAX：03-3267-2271